Martin Drechsler, Cornelia Ohl, Jürgen Meyerhoff
und Jan Monsees (Hg.)

Ein Verfahren zur optimalen räumlichen Allokation
von Windenergieanlagen

D1703217

Ökologie und Wirtschaftsforschung

Band 85

Ein Verfahren zur optimalen räumlichen Allokation von Windenergieanlagen

Anwendung in zwei Planungsregionen

Herausgegeben von

Martin Drechsler, Cornelia Ohl,
Jürgen Meyerhoff und Jan Monsees

GIS und Kartographie: Marcus Eichhorn

Metropolis-Verlag
Marburg 2010

Bibliografische Information Der Deutschen Bibliothek

Die Deutsche Bibliothek verzeichnet diese Publikation in der Deutschen Nationalbibliografie; detaillierte bibliografische Daten sind im Internet über <http://dnb.ddb.de> abrufbar.

Metropolis-Verlag für Ökonomie, Gesellschaft und Politik GmbH
http://www.metropolis-verlag.de
Copyright: Metropolis-Verlag, Marburg 2010
Alle Rechte vorbehalten
ISBN 978-3-89518-807-7

Inhaltsverzeichnis

Anhang

Vorwort

Wolfgang Buchholz

Die Ökonomie ist die Wissenschaft von der Knappheit. Sie geht von der wenig erfreulichen Einsicht aus, dass es auf dieser Welt – salopp gesagt – so gut wie nichts umsonst gibt. „There ain't nothing as a free lunch" ist das Grundmotto der Ökonomen, das ihnen als Verkünder einer unangenehmen Wahrheit oftmals wenig Sympathien einbringt. Die verfügbaren Budgets sind auf individueller wie auf gesamtwirtschaftlicher Ebene begrenzt: Man kann den gleichen Cent nicht zweimal ausgeben, und den gleichen Input, sei es menschliche Arbeitskraft, sei es eine natürliche Ressource, nicht zweimal zur Produktion von Gütern verwenden.

Mit der bloßen Diagnose einer allgegenwärtigen Knappheit gibt sich die Ökonomie aber nicht zufrieden. Das wäre fatalistisch – und auf Dauer auch ziemlich langweilig. Vielmehr sucht sie nach Mitteln und Wegen, um die negativen Auswirkungen der Knappheit so klein wie möglich zu halten. Bei von Ökonomen vorgeschlagenen Ansätzen zur Therapie und damit Abmilderung des Knappheitsproblems geht es – grob gesprochen – darum, bestehende Ziel- bzw. Nutzungskonflikte dadurch zu entschärfen, dass man die vorhandenen Bestände an Einkommen und Ressourcen optimal nutzt und aus ihnen den maximalen Wohlfahrtsgewinn für die Menschen zieht.

Wie beim Umgang mit Knappheit zweckmäßigerweise zu verfahren ist, hängt in entscheidendem Maße von den Bedingungen des Einzelfalls ab. Bei privaten Gütern mit klar abgrenzbaren individuellen Eigentumsrechten wie Brot und Wein, die zwischen den Individuen gehandelt werden, sorgt im Idealfall der Marktmechanismus für die Ausschöpfung der Wohlfahrtsreserven und somit – in der Fachsprache der Ökonomie ausgedrückt – für eine „effiziente Allokation". Durch die am Markt erzeugten Preissignale werden die knappen Produktionsfaktoren so kanalisiert, dass im Endeffekt ein gemäß den Präferenzen der Konsumenten bestmögliches Ergebnis – ein „Pareto-Optimum" – zustande gebracht wird.

Das ist der berühmte „Erste Hauptsatz der Wohlfahrtstheorie", mit dessen formaler Darstellung sich seit Studentengenerationen angehende Wirtschaftswissenschaftler in ihrem Grundstudium quälen müssen. Letztlich zahlt sich diese Mühe aber aus, weil man nur durch ein sehr tiefes Verständnis der Marktprozesse erkennen kann, was Märkte leisten können – und was nicht. Insbesondere bei der Bereitstellung „öffentlichen Güter", von deren Nutzung niemand ausgeschlossen werden kann und für die deshalb individuelle Eigentumsrechte als Grundbedingung für einen funktionierenden Gütertausch nicht existieren, ist der Markt überfordert. Es kommt zu einer Art „Marktversagen", dessen Überwindung in aller Regel nicht ohne staatliche Eingriffe gelingt.

Ein typisches Beispiel für ein öffentliches Gut stellt der Schutz der natürlichen Umwelt dar, so dass sich mit Hilfe dieses Verweises auf öffentliche Güter eine unmittelbare ökonomische Rechtfertigung für die Notwendigkeit staatlicher Umweltpolitik gewinnen lässt. Schon der englische Ökonom A. C. Pigou hat vor nahezu 100 Jahren diese für das Verhältnis von Markt und Staat fundamentale Einsicht entwickelt, und auch die vom Nobelpreisträger R. Coase vor 50 Jahren daran geübte Kritik konnte deren prinzipielle Richtigkeit nicht wesentlich infrage stellen.

Umweltpolitische Maßnahmen entsprechend diesem Paradigma zu konzipieren und umzusetzen ist aber unter den Bedingungen der Realität leichter gesagt als getan: Dass bei Umweltgütern der Markt als Allokationsinstrument ausfällt, bedeutet nämlich auch, dass Preise als Signale für die Knappheit dieser Güter nicht automatisch bereitgestellt werden und somit als Leitlinien für die Politik zunächst einmal fehlen. Da Knappheit aber immer relativ zur Verfügbarkeit eines Gutes und zu seinem von den Präferenzen der Konsumenten abhängigen Bedarf zu sehen ist, bleibt einer rationalen, am Effizienzziel orientierten Umweltpolitik nichts anderes übrig, als sich die Daten über „Angebot" und „Nachfrage" nach Umweltgütern durch spezielle und teilweise sehr aufwändige Verfahren zu beschaffen. Wie dabei im konkreten Fall der Windenergie vorgegangen werden kann, demonstriert dieses am Helmholtz-Zentrum für Umweltforschung in Leipzig und der TU Berlin durchgeführte Forschungsprojekt in beispielhafter Weise.

Weil die Nutzung fossiler Energieträger zur wohlfahrtsschädlichen und mit vielen Risiken behafteten Erwärmung der Erdatmosphäre führt und ihre Vorkommen ohnehin begrenzt sind, muss eine nachhaltige Energiepolitik auf regenerative Energien setzen. Speziell in Deutschland soll deren Anteil an der gesamten Energieerzeugung in den nächsten 10 Jahren auf mindestens 30% gesteigert werden, wobei der Windenergie im Binnenland (onshore) und im Meer vor der Küste (offshore) ein hoher Stellenwert zukommen soll. Vor allem durch die seit 1991 gewährte Einspeisevergütung hat sich die in Deutschland installierte Kapazität von Windenergieanlagen seither von bescheidenen 74 MW auf fast 26 000 MW im Jahre 2010 erhöht. Dadurch trägt die Windenergie mittlerweile 10,1 % zum deutschen Primärenergieverbrauch in Deutschland bei, was 16,1 % des Stromverbrauchs entspricht. Der Ausbau der Windenergie findet aber nicht nur Zustimmung, sondern stößt auf teilweise heftigen Widerstand in der Bevölkerung. Bemerkenswerterweise sind die Gründe dafür selber vielfach ökologischer Natur: Neben direkten Verlusten an Lebensqualität durch Rotorengeräusche befürchtet man insbesondere in den Mittelgebirgsregionen Deutschlands eine Zerstörung des Landschaftsbilds durch Windenergieanlagen und überdies eine Dezimierung seltener Tierarten. Auch die Ausweitung der Windenergie ist somit, über die reinen Bau- und Betreiberkosten hinaus, nicht umsonst: Es kommt auch in ökologischer Hinsicht zu erheblichen Zielkonflikten, zu deren optimaler Lösung die üblichen Werkzeuge der Ökonomie – Marktpreise, Angebots- und Nachfragefunktionen – nur in höchst eingeschränktem Maße zur Verfügung stehen. Diese Lücke zu füllen und auf diesem Wege zu Kriterien für wohlfahrtsoptimale Standorte für Windenergieanlagen zu gelangen, ist das vorrangige Ziel der vorliegenden Studie, die sich konkret auf Westsachsen und Nordhessen als Beispielregionen bezieht.

Zu diesem Zweck wird, ganz im Einklang mit der üblichen ökonomischen Methodik und Terminologie, bei der Flächennutzung zunächst zwischen einer Nachfrage- und einer Angebotsseite unterschieden, die dann am Ende der Arbeit zusammengeführt werden. Die Bestimmung der *Nachfragefunktion* erfolgt mit Hilfe von „Choice Experimenten", bei denen der Grad der Wertschätzung, die Individuen verschiedenen Attributen von Umweltveränderungen entgegen bringen, durch standardisierte, auf hypothetischen Wahlhandlungen beruhende Befragungen ermittelt wird. Im Zusammenhang mit der Bestimmung einer *Angebotsfunktion* geht es hingegen darum zu prüfen, welche Flächen unter Gesichtspunkten rechtlicher Rahmenbedingungen, des energetischen Potenzials sowie des Artenschutzes überhaupt für die Installation von Windenergieanlagen infrage kommen und wie somit der „potenzielle Eignungsraum" für die Windenergienutzung in den beiden in der Studie erfassten

Regionen beschaffen ist. Im nächsten Schritt werden Angebot und Nachfrage zusammengeführt. Dazu wird ein Optimierungskalkül entwickelt, mit dessen Hilfe herausgefunden werden soll, welche Standorte für Windenergieanlagen am besten geeignet sind. Auf dieser Grundlage wird schließlich die bisherige Auswahl von Vorrangs- und Eignungsgebieten in den betrachteten Regionen einer kritischen Prüfung unterzogen, woraus sich insbesondere Schlussfolgerungen für eine modifizierte Raumnutzung im Windenergiebereich ergeben. Der Studie gelingt es auf diese Weise, anspruchsvolle (und in Deutschland bisher eher selten verwendete) methodische Konzepte der Umweltbewertung in konstruktiver Weise auf relevante empirische Fragestellungen zu beziehen und Handlungsempfehlungen für die künftige Windenergiepolitik zu formulieren. Was will man mehr!

Das Projekt wurde vom Bundesministerium für Bildung und Forschung im Rahmen des Schwerpunktprogramms „Wirtschaftswissenschaften für Nachhaltigkeit" im Zeitraum 2007-2010 finanziell gefördert. Als Mitglied des Wissenschaftlichen Beirats dieses Schwerpunktprogramms fungierte ich als Mentor dieses Projekts, so dass ich seinen Fortgang recht genau mitverfolgen konnte. Die an diesem Projekt beteiligten Mitarbeiterinnen und Mitarbeiter haben meiner Wahrnehmung nach Hervorragendes geleistet. Es gelang nicht nur, ein leistungsfähiges Team zusammenzustellen und zu motivieren, sondern auch in einen äußerst ergiebigen Kontakt mit Praxisvertretern aus dem Windenergiebereich (Genehmigungsbehörden, Planungsverbände, Anlagenbetreiber, Repräsentanten von Interessengruppen) zu treten und in drei im Rahmen des Projektes veranstaltete Workshops erfolgreich einzubinden. Gemessen an den Zielsetzungen des Schwerpunktprogramms „Wirtschaftswissenschaften für Nachhaltigkeit" waren die für dieses Projekt aufgewendeten Geldmittel auf alle Fälle ganz hervorragend angelegt.

Prof. Dr. Wolfgang Buchholz
Institut für Volkswirtschaftslehre und
Ökonomie der Universität Regensburg

Regensburg, im Juni 2010

Kapitel I

Einführung

1 Zielkonflikte bei der Erzeugung von Windenergie – das FlächEn-Projekt

Cornelia Ohl

Der Ausbau der erneuerbaren Energien ist ein Meilenstein auf dem Weg in eine klimaneutrale Energieproduktion. Er reduziert zugleich die Abhängigkeit von fossilen Brennstoffen und ist Voraussetzung für den Ausstieg aus der Kernenergie in Deutschland. Die Erzeugung von Strom aus erneuerbaren Energien wird in Deutschland durch eine Abnahme- und Einspeisevergütungsgarantie gefördert, die in einem Gesetz für den Vorrang Erneuerbarer Energien (EEG) verankert ist. Die Bundesregierung will damit sicherstellen, dass bis zum Jahr 2020 der Anteil der erneuerbaren Energien in Deutschland bis auf mindestens 30% ansteigen kann.

Der gegenwärtig bedeutendste und wirtschaftlichste erneuerbare Energieträger ist die Windenergie. Ihr Ausbau soll sowohl an Land (onshore) als auch auf See (offshore) vorangetrieben werden und in Zukunft einen wesentlichen Beitrag zur Erreichung des 30%-Ziels leisten. Deshalb wurden auch die Fördersätze für die Windenergie im Zuge der letzten Novellierung des EEG noch einmal angehoben. Sie liegen aktuell bei 9,2 Cent pro Kilowattstunde (ct/kWh) im Onshore-Bereich (Anfangsvergütung) und 13 ct/kWh im Offshore-Bereich (für weitere Details siehe EEG 2009). Dem Ausbau der Windenergie an Land sind jedoch Grenzen gesetzt.

Der Ausbau der Windenergie steht häufig im *Konflikt* mit Zielen des Immissions-, des Natur- und des Freiraumschutzes. Lärm, Schattenwurf und Beeinträchtigung des Landschaftsbildes stören den Menschen ebenso wie die Vertreibung und Tötung von Vögeln und Fledermäusen durch

Windenergieanlagen (WEA). Als Reaktion auf diese Konflikte wurden die rechtlichen Anforderungen an die Gewährung der Einspeisevergütung seitens des Bundes und die Standorte für WEA seitens der Regionalplanung auf Länderebene verschärft.

Auf Bundesebene fordert das EEG als Voraussetzung für die Gewährung der Einspeisevergütung, dass eine errichtete WEA mindestens 60% des für sie geforderten Referenzertrags erwirtschaftet (technologieabhängiger Referenzertrag). Das EEG will damit einem Errichten von WEA an energetisch unattraktiven Standorten entgegenwirken. Auf Länderebene konzentrieren die Planungsbehörden die Windenergie zunehmend in sog. Vorrang- und Eignungsgebiete (VE-Gebiete). In den VE-Gebieten ist die Windenergie gegenüber anderen Raumnutzungsformen zwar privilegiert. Gleichzeitig ist jedoch mit dem Ausweisen von VE-Gebieten das Errichten von WEA außerhalb der VE-Gebiete verwehrt. Damit kommt es faktisch zu einer *Rationierung des Flächenangebots für WEA*, und Land für die Windenergiegewinnung wird ein knappes Gut. Mit diesem Vorgehen soll ein kontrollierter Ausbau der Windenergie gefördert und der „Verspargelung" der Landschaft entgegengewirkt werden. Darüber hinaus werden zusätzlich von den Planungsbehörden Höhenregeln für WEA in der Nähe von Siedlungsgebieten erlassen, die oftmals über die nach Bundesimmissionsschutzgesetz geforderten Werte hinausgehen. Dies beeinträchtigt vor allem den Einsatz moderner WEA, die heute eine Höhe von bis zu 200 m erreichen können und für den Ausbau der Windenergie in Form des Repowering eine besondere Rolle spielen.

Das *Repowering* bezeichnet den Ersatz bestehender WEA durch innovative, leistungsfähigere Anlagen. Es wird unter dem EEG durch einen Aufschlag auf die Anfangsvergütung in Höhe von zusätzlich 0,5 ct/kWh (§ 30 EEG 2009) besonders gefördert. Eine Voraussetzung für die Gewährung des Repowering-Bonus ist häufig, dass die neue WEA eine kritische Mindesthöhe überschreitet, weil erst ab einer bestimmten Höhe die Windverhältnisse hinreichend sind, um die im EEG gesetzten Hürden für die Gewährung des Repowering-Bonus zu nehmen. Denn mit der neuen WEA muss mindestens das 2-fache der Leistung der ersetzten Altanlage erwirtschaftet werden (§ 30 EEG 2009).

Die Ansprüche an die Standortwahl werden dadurch erhöht, und es stellt sich erstens die Frage, ob die Planungsbehörden bei der Flächenauswahl für die Windenergie den im EEG gesetzten Ansprüchen genügen und zweitens ob die von den Planungsbehörden zur Verfügung gestellte Fläche hinreichend ist, um den Ausbau der Windenergie so zu fördern, dass er den gewünschten Beitrag für das Erreichen des 30%-Ziels für die erneuerbaren Energien insgesamt leistet. Denn die Planungsbehörden sind beim Ausweisen der VE-Gebiete nicht an bundespolitische Zielvorgaben für den Ausbau der erneuerbaren Energien gebunden, sondern vielmehr an die jeweiligen Landesvorgaben, die bislang kein Gesamtkonzept für den auf Bundesebene angestrebten Ausbau der Erneuerbaren erkennen lassen. Und es besteht darüber hinaus auch kein Eigeninteresse der Planungsbehörden die VE-Gebiete räumlich so zu konzentrieren, dass den Betreibern von WEA die Möglichkeit eröffnet wird, in den Genuss des Repowering-Bonus zu kommen. Das Ausweisen der VE-Gebiete erfolgt deshalb in der Regel weder unter dem Aspekt einer für die Gesellschaft insgesamt kostengünstigen noch einer unter klimaschutzpolitischen Aspekten optimierten Standortauswahl.

Die vorliegenden Beiträge geben erste Antworten auf die aufgeworfenen Fragen und bieten einen Lösungsansatz für die *Minimierung bestehender Zielkonflikte* beim Ausbau der Windenergie. Sie sind im Rahmen des Projekts „Nachhaltige Landnutzung im Spannungsfeld umweltpolitisch konfligierender Zielsetzungen am Beispiel der Windenergiegewinnung (*FlächEn*)" entstanden. Das *FlächEn*-Projekt wurde im Zeitraum 2007-2010 vom Bundesministerium für Bildung und Forschung (BMBF) im Rahmen des Förderschwerpunktes „*Wirtschaftswissenschaften für Nachhaltigkeit*" gefördert (Förder-Kennzeichen 01UN0601A, B). An seiner Bearbeitung waren die Departments Ökonomie, Ökologische Systemanalyse, Umwelt- und Planungsrecht sowie Umweltinformatik des Helmholtz-Zentrums für Umweltforschung GmbH – UFZ in Leipzig und das Fachgebiet Landschaftsökonomie der Technischen Universität Berlin beteiligt. Darüber hinaus wurde das Projekt von verschiedenen Praxispartnern begleitet, wie dem Bundesverband Windenergie e.V., dem Michael-Otto-Institut im NABU sowie Vertretern regionaler Planungsverbände, insbesondere aus den Untersuchungsregionen Westsachsen und Nordhessen. Das Akronym *FlächEn* steht für *Fläche* und *Energie* und gibt damit bereits einen Hinweis darauf, dass die Flächenauswahl für den Ausbau der Windenergie an Land in Deutschland eine wichtige Rolle spielt.

Das *FlächEn*-Projekt zielt auf eine Bewertung der negativen Effekte der Windenergie, die in der Ökonomie als *Externalitäten* bezeichnet

werden. Dazu gehören Beeinträchtigungen des Landschaftsbildes durch
das Errichten von WEA ebenso wie unerwünschte Auswirkungen von
WEA auf Vögel und Fledermäuse. Methodisch wird das Quantifizieren
der Externalitäten der Windenergie durch den Einsatz von *Choice Experimenten* in zwei Untersuchungsregionen – Nordhessen und Westsachsen
– erreicht. Die in den Untersuchungsgebieten gewonnenen empirischen
Befunde geben Auskunft über Ausmaß und Umfang der Externalitäten
der Windenergie für ein vorgegebenes Ausbauszenario. Sie werden im
Rahmen eines *ökologisch-ökonomischen Modellierungsverfahrens* genutzt, um planungs- und raumordnungsrechtliche Verfahren beim Ausweisen von Nutzflächen für WEA zu bewerten und Empfehlungen für die
Optimierung und Re-Optimierung der Landnutzung durch WEA zu
geben.

Das ökologisch-ökonomische Modellierungsverfahren basiert auf
einem *geographischen Informationssystem* (GIS), das die für den Ausbau
der Windenergie wesentlichen räumlichen Gegebenheiten in den Untersuchungsgebieten abbildet und die Konflikte der Landnutzung durch
WEA räumlich explizit und quantitativ reflektiert. Damit wird eine wohl-
fahrtsorientierte Analyse und Bewertung der Regulierungspraxis zur
Windenergie ermöglicht. Auf Basis des entwickelten Verfahrens lassen
sich Aussagen zu *wohlfahrts- bzw. volkswirtschaftlich optimalen Standorten* in den Untersuchungsregionen ableiten. Diese Art der Standortwahl
berücksichtigt nicht nur die betriebswirtschaftlichen Kosten der Windenergieproduktion, sondern auch die mit der Energieproduktion entste-
henden Externalitäten im Raum.

Für die Untersuchungsgebiete zeigte sich, dass ein Ausbau der Windenergie, der nach rein energetischen Aspekten – wie ihn das EEG fördert
– und den Anforderungen nach Bundesimmissionsschutzgesetz ausgerichtet ist, externe Kosten verursacht. Die Ergebnisse aus den Choice Experimenten signalisieren, dass eine Zahlungsbereitschaft sowohl für eine
Ausweitung der Abstände zwischen WEA und Siedlungsgebieten als
auch den Natur- und Artenschutz außerhalb von Naturschutzgebieten besteht. Aus wohlfahrtstheoretischer Sicht sind deshalb auch Standorte optimal, die einen geringeren Energieertrag haben als Standorte, die den gesetzlichen Auflagen genügen und nach rein energetischen Gesichtspunkten ausgewählt werden. In Bezug auf ein betriebswirtschaftlich optimales
Basisszenario für den Ausbau der Windenergie konnten die externen
Kosten der Windenergie – gemessen als Anteil an den betriebswirtschaft-

lichen Kosten der zu installierenden Windenergieleistung – mit rund 10%
quantifiziert werden.

In Bezug auf das Konfliktpotenzial zeigt sich, dass für die gegebenen
Ausbauziele die Bedürfnisse der lokal betroffenen Bevölkerung nach
Natur- und Artenschutz einerseits (im *FlächEn*-Projekt repräsentiert
durch den Schutz des Rotmilans) und nach höheren Siedlungsabständen
andererseits durch die räumlichen Gegebenheiten miteinander konkurrie-
ren. Ambitionierte energiepolitische Ziele erlauben bei gegebenem Flä-
chenpotenzial nicht, beide Zielgrößen gleichermaßen zu bedienen. Eine
Verbesserung des Rotmilanschutzes kann nur bei niedrigeren Siedlungsabständen erreicht werden; umgekehrt zeigen höhere Siedlungsabstände
zu WEA ein höheres Gefährdungspotenzial für den Vogelschutz außerhalb der Naturschutzgebiete.

Die Minimierung dieses Konfliktes wird durch die aktuelle Förderpolitik des EEG auf Bundesebene und die Gebietsausweisung auf Landes-
bzw. Regionalplanungsebene nicht erreicht. Die Förderpolitik des EEG
verstärkt mit der Einführung von Referenzerträgen die Suche nach energetisch optimalen Standorten für WEA seitens der Betreiber und die
Regionalplanung schützt mit der Ausweisung von VE-Gebieten vor
allem die Flächen, wo bereits WEA stehen. Diese Flächen haben sich in
der Vergangenheit zwar als tauglich für die Windstromproduktion erwiesen, und es bleibt auch der Bestandsschutz gewahrt, für das Repowering
sind sie jedoch nicht zwingend qualifiziert, so dass bei den heutigen Rahmenbedingungen in Zukunft der Ausbau der Windenergie in den Untersuchungsregionen weder gesellschaftlich optimal noch in quantitativ
signifikanter Weise erwartet werden kann. Um den Ausbau stärker zu
fördern als bisher, stehen zwei Lösungswege offen, die parallel verfolgt
werden können: eine zusätzliche Gebietsausweisung und die Realloka-
tion der bislang ausgewiesenen VE-Gebiete. Auf beiden Wegen bietet
das hier vorgestellte Verfahren nützliche Anhaltspunkte – auf planerischer Ebene für die Gebietsauswahl und auf Bundesebene für die Weiterentwicklung des EEG.

2 Der Modellierungsansatz

Martin Drechsler

In dem vorliegenden Buch wird ein Analyse- und Bewertungsverfahren vorgestellt, das die volkswirtschaftlichen Kosten der Windenergieproduktion abschätzt, Standorte für die Windenergieproduktion bewertet und die volkswirtschaftlich bzw. wohlfahrts-optimalen Standorte ermittelt. Den Ausgangspunkt des Verfahrens bildet die Festlegung des *Energiemengenziels*, das heißt der Energiemenge, die in der betrachteten Region pro Jahr produziert werden soll. Die Basis hierfür sind energiepolitische Zielvorgaben. Die Ermittlung des Energiemengenziels wird in Abschnitt 3 beschrieben. Im Rahmen des Bewertungsverfahrens werden jedoch auch weitere, davon abweichende Energiemengenziele betrachtet.

Die Windenergieproduktion und insbesondere die Auswahl der Standorte für WEA muss in Einklang mit den *rechtlichen Rahmenbedingungen*, beispielsweise in Bezug auf den Immissions- und den Naturschutz, stehen. Die wichtigsten rechtlichen Rahmenbedingungen werden in Abschnitt 4 aufgelistet und erläutert. Neben den energiepolitischen Zielen und rechtlichen Rahmenbedingungen muss eine gesellschaftlich optimale Standortauswahl auch die Spezifika der Region berücksichtigen, in der die WEA platziert werden sollen. Im vorliegenden Buch werden zwei Regionen betrachtet: die Planungsregion Westsachsen und die Region[1] Nordhessen. Die Beschreibung dieser Regionen und Gründe für deren Betrachtung finden sich in Abschnitt 5. Die Abschnitte 3-5 liefern die Rahmenbedingungen (Kapitel II) für die anschließenden Analysen.

---

[1] Die Region Nordhessen ist ein Teil der Planungsregion Nordhessen (vgl. Abschnitt 5).

Kapitel III thematisiert die in Abschnitt 1 erwähnten externen Kosten der Windenergieproduktion. Diese repräsentieren negative Auswirkungen der Windenergieproduktion auf Mensch und Umwelt. Im Rahmen des Bewertungsverfahrens wird angenommen, dass Einflüsse auf den Menschen (i) durch die Höhe der WEA, (ii) deren Abstand zu Siedlungen und (iii) räumliche Verteilung (eher vereinzelt oder in größeren Windparks angeordnet) bestimmt werden. Umweltauswirkungen beziehen sich vor allem auf den Naturschutz, der einerseits über die rechtlichen Rahmenbedingungen (Abschnitt 4), andererseits (iv) über die Populationsentwicklung sensitiver Zielarten außerhalb der Naturschutzgebiete berücksichtigt wird. Hauptziel des Kapitels III ist die *monetäre Bewertung der Externalitäten*, die durch die Attribute (i) bis (iv) bestimmt sind (Abschnitt 6). Verwendet wird hier die Methode der Choice Experimente (Abschnitte 6.1 und 6.2), aus deren Ergebnissen (Abschnitt 6.3) in Abschnitt 6.4 eine externe Kostenfunktion abgeleitet wird. Weiterführende Aspekte und Ergebnisse der *Choice Experimente*, die keinen direkten Eingang in die externe Kostenfunktion finden, werden in Abschnitt 7 näher beleuchtet.

Die *externe Kostenfunktion* sagt unter anderem aus, wie eine bestimmte Populationsentwicklung der betrachteten Zielart(en) von der Bevölkerung bewertet wird, nicht jedoch, wie diese Populationsentwicklung von der Zahl, Größe und räumlichen Verteilung der WEA in der Region abhängt. Ferner spielen für die Standortauswahl nicht nur die externen Kosten eine Rolle, sondern selbstverständlich auch die betriebswirtschaftlichen Kosten, denn die gesellschaftlichen Kosten der Windenergieproduktion sind die Summe aus externen und betriebswirtschaftlichen Kosten. Da das Ziel ist, eine bestimmte Energiemenge durch WEA zu produzieren, sind letztens auch die zu erwartenden Winderträge auf den WEA-Standorten entscheidungsrelevant. In Kapitel IV werden daher alle *potentiellen WEA-Standorte* im Einklang mit den in Kapitel II diskutierten Rahmenbedingungen ermittelt (Abschnitt 8) und diese Standorte in Bezug auf die zu erwartenden *Winderträge* (Abschnitt 9), Auswirkungen auf Zielarten (Abschnitt 10) und *betriebswirtschaftliche Kosten* (Abschnitt 11) bewertet. Abschnitt 11 thematisiert ferner, dass eine WEA an einem Standort nur dann betrieben wird, wenn die Erträge die betriebswirtschaftlichen Kosten übersteigen. Die Erträge bestimmen sich aus dem Energieeinspeisegesetz (EEG), die ebenfalls in Abschnitt 11 bestimmt werden.

Im ökonomischen Sprachgebrauch handelt es sich bei der externen Kostenfunktion (Kapitel III) um eine *Nachfragefunktion*, die die Nachfrage bzw. Zahlungsbereitschaft der Bevölkerung für eine Vermeidung von (durch die Windenergieproduktion hervorgerufenen) Externalitäten quantifiziert. Demgegenüber münden die Analysen in Kapitel IV in eine *Angebotsfunktion*, die angibt, auf welche Weisen das vorgegebene Energiemengenziel erreicht werden kann. So kann man beispielsweise betriebswirtschaftlich günstige Standorte wählen, die aber Mensch und Umwelt stark belasten – also hohe Externalitäten ausweisen – oder man kann betriebswirtschaftlich ungünstige aber dafür nur mit geringen Externalitäten behaftete Standorte auswählen. Welche dieser Varianten – und insbesondere: welche Standorte – wohlfahrtsoptimal sind, beantwortet sich, wenn man Angebots- und Nachfragefunktion kombiniert.

Mathematisch ausgedrückt stellt sich dabei folgende Optimierungsaufgabe: Identifiziere diejenigen Standorte für WEA, auf denen in summa das gesetzte Energieziel zu geringsten volkswirtschaftlichen Kosten erreicht wird, wobei die volkswirtschaftlichen Kosten die Summe bilden aus den externen und betriebswirtschaftlichen Kosten, kumuliert über alle gewählten Standorte. Diese Optimierungsaufgabe wird in Kapitel V beschrieben und gelöst. In Abschnitt 12 werden die *wohlfahrtsoptimalen Standorte* in den beiden Untersuchungsregionen ermittelt. In Abschnitt 13 wird thematisiert, dass die wohlfahrtsoptimalen Standorte von bestimmten Annahmen wie dem gesetzten Energieziel abhängen. Auch die Einspeisevergütungen des EEG sowie die Präferenzen der Bevölkerung haben einen Einfluss auf die Auswahl der wohlfahrtsoptimalen Standorte. Daher werden in Abschnitt 13 im Rahmen einer *Sensitivitätsanalyse* entsprechende Modellannahmen und Parameter variiert und untersucht, welche Auswirkungen diese Variationen auf die Auswahl der wohlfahrtsoptimalen Standorte haben.

In Kapitel VI werden die Ergebnisse der vorangegangenen Kapitel zusammengefasst und diskutiert. Abschnitt 14 verwendet ausgewählte Ergebnisse, um die in den beiden Untersuchungsregionen ausgewiesenen Vorrang- und Eignungsgebiete für die Windenergie im Hinblick auf *Repowering-Potenziale* zu analysieren. In Abschnitt 15 folgt eine kritische Würdigung des vorgestellten Analyse- und Bewertungsverfahrens. Insbesondere werden *Grenzen der verwendeten Modelle* und Untersuchungsschritte diskutiert. Das Kapitel schließt in Abschnitt 16 mit einer *Zusammenfassung* aller bisherigen Abschnitte.

Im Rahmen des *FlächEn*-Projekts, dessen Ergebnisse in diesem Buch vorgestellt werden, wurden auch *Einsatzmöglichkeiten des Visualisierungszentrums* am Helmholtz-Zentrum für Umweltforschung – UFZ überprüft, insbesondere im Hinblick auf die Bewertung von Externalitäten der Windenergieproduktion durch die Bevölkerung. Ergebnisse dieser Untersuchungen fanden keinen unmittelbaren Eingang in das Bewertungsverfahren und finden sich im Anhang (Abschnitt 17) dieses Buches.

Kapitel II

Rahmenbedingungen

3 Zielvorgaben und Szenarien für die Entwicklung der Windenergienutzung

Jan Monsees

Den Ausgangspunkt des Modellierungs- und Bewertungsverfahrens im *FlächEn*-Projekt bildet die Festlegung eines Energieziels, das heißt der Energiemenge, die in den beiden betrachteten Untersuchungsregionen Westsachsen und Nordhessen perspektivisch bis 2020 pro Jahr von WEA produziert werden soll. Als Basis hierfür dienen energiepolitische Zielaussagen der Bundesregierung und der Länder. Zur Überprüfung der Plausibilität dieser Vorgaben werden ergänzend Szenarien und Prognosen der Entwicklung der Windenergienutzung herangezogen.

3.1 Klima- und energiepolitische Zielvorgaben

Eine Sichtung einschlägiger, vor und während der Projektlaufzeit verabschiedeter, klima- und energiepolitischer Papiere und Programme der Bundesregierung und der Bundesländer Hessen und Sachsen führte zu dem Ergebnis, dass weder von Seiten der Bundes- noch der Landespolitik direkte, verbindliche Mengenziele für die Windenergieerzeugung auf regionaler Ebene vorgegeben sind. Soweit energie- und klimapolitische Ziele definiert sind, beziehen sie sich in der Regel auf andere Größen (z.B. Senkung der CO_2-Emissionen oder Beitrag aller erneuerbaren Energien zur Stromerzeugung), andere Zeithorizonte (z.B. 2030 oder 2050) und/oder höhere räumliche Ebenen (in der Regel nationale Zielvorgaben).[1]

---

[1] Vgl. die Hintergrundpapiere der Bundesregierung BMU (2007a) und BMU (2007b) sowie das Themenpapier BMU (2006).

Die Festlegung *nationaler Ziele* (z.B. 20% weniger CO_2-Emissionen bis 2020) bedeutet aber nicht automatisch, dass alle Teilräume dieses Ziel eins zu eins übernehmen müssen. Vielmehr können nationale Oberziele auch mit teilräumlich unterschiedlichen Zielquoten erreicht werden. Regionalisierte Teilziele könnten zum Beispiel sinnvoll sein, wenn einzelne Bundesländer bzw. Planungsregionen besondere Klimaschutzpotenziale oder Kostenvorteile bei der Erzeugung erneuerbarer Energien aufweisen, oder wenn aus Fairnessgründen etwaige unterschiedliche klimapolitische Vorleistungen einzelner Bundesländer oder Planungsregionen berücksichtigt werden sollen. Hinzu kommt, dass nationale klimapolitische Ziele nicht nur räumlich, sondern auch sektoral (Wärme, Strom, Verkehr) und maßnahmenstrategisch (Ausbau erneuerbarer Energien, Kraft-Wärme-Kopplung, Effizienzsteigerung) disaggregiert werden müssen, mithin ein dreifaches *Disaggregationsproblem* vorliegt.[1] Die Abbildung 3.1 skizziert diese Problematik und verortet das *FlächEn*-Projekt und seine Untersuchungsregionen schematisch in diesem hier beschriebenen klima- und energiepolitischen Kontext.

3.2 Szenarien und Prognosen der Entwicklung der Windenergienutzung

Als alternativer Weg zur Ableitung regionaler Mengenziele für die Windenergie, neben den politischen Zielmarken, wurden neuere Szenarien und Prognosen der Entwicklung der Windenergienutzung ausgewertet, insgesamt rund 20 Literaturquellen mit einer Vielzahl von Szenarien und Prognosen unterschiedlicher zeitlicher, räumlicher und sektoraler Reichweite.[2] Hierbei ist deutlich geworden, dass die Begriffe Prognose und Szenario nicht selten synonym benutzt werden, der exakten definitorischen Abgrenzung also häufig nicht gefolgt wird. Als für den Kontext des *FlächEn*-Projekts besonders relevant haben sich einerseits die Prognosen des Deutsche Windenergie-Instituts (DEWI) GmbH und der Deutsche WindGuard GmbH (DEWI 2001, 2002; WindGuard 2005, 2007) sowie andererseits die Szenarien der Netzstudie im Auftrag der Deutschen Energie Agentur (DENA) und diverser Studien im Auftrag

---

[1] Für eine ausführlichere Darstellung der hier angesprochenen Fragen vgl. Monsees (2009).

[2] Für eine ausführliche Darstellung der ausgewerteten Prognosen und Szenarien vgl. Monsees (2009).

Abbildung 3.1: Schema der Disaggregation des CO_2- Minderungsziels.
a: räumlich; b: sektoral.

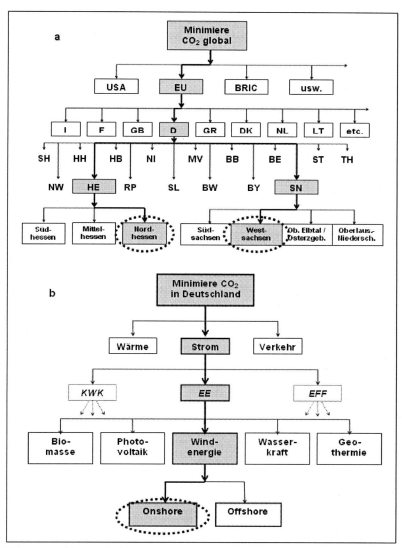

Die grau markierten Flächen geben an, wie das *FlächEn*-Projekt in dem Disaggrega-tions-Schema verortet ist.

des BMU erwiesen (DENA 2005; Nitsch 2007, 2008; DLR/ZSW/WI/ WZNRW 2005; DLR/IFEU/WI 2004). Überdies wurden spezifische energiepolitische Szenariovarianten für Sachsen (IER 2004) ausgewertet, während analoge Szenarien für Hessen nicht vorlagen.

Generell wird in diesen Szenarien und Prognosen angenommen, dass sich die Erschließung neuer Standorte für die Windenergie in Deutschland ab 2010 auf Gebiete in der Nord- und Ostsee beschränken wird, und dass die weitere Onshore-Entwicklung vom Repowering älterer und leistungsschwächerer WEA geprägt sein wird. In Abhängigkeit von Parametern wie Flächenbedarf, Repowering-Faktor, zulässiger Nabenhöhe und einzuhaltendem Mindestabstand zu Ortschaften wird für das Jahr 2020 in Deutschland ein Ausbaustand der Windenergie an Land zwischen 22.270 MW (Untergrenze) und 33.600 MW (Obergrenze) erwartet (siehe Tabelle 3.1).

Tabelle 3.1: Vergleich von Prognosen installierter Windenergieleistung in Deutschland (in GW)

Zeit-horizont	DENA-Netzstudie 2005				Wind Guard 2005			
	DEWI		Fachbeirat		optimistisch		pessimistisch	
	on shore	gesamt	on shore	gesamt	on shore	gesamt	on shore	gesamt
2007	22,4	22,9	21,8	22,4	20,8	20,9	20,7	20,7
2010	26,0	30,4	24,3	29,8	23,8	25,8	23,2	24,3
2015	30,1	39,9	26,2	36,0	25,9	33,1	23,7	28,7
2020	33,6	54,0	27,9	48,2	27,3	42,3	22,3	34,3

Quelle: WindGuard (2007), S. 214 f.

Doch wurde der untere Wert bereits im Jahr 2007 von der Realität überholt, und Ende 2009 waren bereits rund 25.800 MW installiert (Neddermann 2010). Am häufigsten genannt ist ein mittlerer Wert um 28.000 MW in 2020, der auch in der Leitstudie 2008 (Nitsch 2008) angenommen wird. Sollte allerdings der Trend der letzten Jahre noch weiter anhalten, sind eher 30.000 MW wahrscheinlich.

Wie bei den politischen Zielmarken hat sich auch bei den Szenarien und Prognosen gezeigt, dass die verwendeten räumlichen Skalen zumeist nur die nationale Ebene und in wenigen Ausnahmefällen auch noch die Bundesländer-Ebene abdecken. *Regionalisierte Prognosen* auf Bundesländer-Ebene hat nur die DENA-Netzstudie auf der Basis der in den Planungsregionen für die Windenergienutzung vorgesehenen Flächen vorgelegt (Tabelle 3.2). Von den im Zeitpunkt der Erstellung der Studie noch nicht belegten Eignungsflächen lagen allein zwei Drittel im ,Binnenland Nord' (Brandenburg, Nordrhein-Westfalen, Sachsen-Anhalt), während die südlicheren Bundesländer generell nur wenige Eignungsflächen ausgewiesen haben. Über alle Regionen gesehen betrug das insgesamt noch ungenutzte Potenzial (je nach Annahmen) nur noch 13 bis 22% der ausgewiesenen Flächen, in vier bis fünf Bundesländern wären gar keine Flächen mehr verfügbar und auch Sachsen hätte bereits über 95% seines Potenzials ausgeschöpft (DENA 2005). Dabei ist jedoch in Rechnung zu stellen, dass nach Einschätzung der DLR/IFEU/WI-Studie (2004) selbst bei strengen naturschutzfachlichen Restriktionen noch mehr Flächen für die Windenergie nutzbar sind als bislang in vielen Planungsregionen ausgewiesen.

Die für die Bundesländer vorhandenen Prognosen waren unter Zugrundelegung von Annahmen auf die Ebene der Planungsregionen Nordhessen und Westsachsen herunter zu skalieren. Für Hessen erwartet die regionalisierte Prognose des DEWI im Jahr 2020 eine installierte WEA-Leistung von 1.063 MW, während der von restriktiveren Annahmen ausgehende DENA-Fachbeirat nur mit 879 MW rechnet (DENA 2005). Die bis Ende Juni 2008 in Hessen bereits installierte WEA-Leistung betrug 475 MW, also etwa die Hälfte des bis 2020 erwarteten Ausbaus. In Nordhessen waren Ende 2007 knapp 217 MW installiert. Bliebe es 2020 beim jetzigen Anteil Nordhessens von gut 45% der in Hessen installierten WEA-Leistung, könnten demnach zwischen 395 MW und 479 MW in Nordhessen installiert sein.

In Sachsen rechnet die DEWI-Prognose für 2020 mit einer installierten WEA-Leistung von 1.182 MW und der in seinen Annahmen skeptischere DENA-Fachbeirat noch mit 1.033 MW (DENA 2005). Daneben existieren für Sachsen noch verschiedene Szenariovarianten aus der Begleitforschung zum sächsischen Energieprogramm (IER 2004).

Tabelle 3.2: Onshore-Windenergiepotenziale in den Bundesländern nach DENA-Netzstudie in MW

Bundes-land	Bestand Ende 2008	Potenzial					
		Ausbau DEWI	Freies DEWI	Ausbau DENA-FBR	Freies DENA-FBR	Repower DEWI	Repower DENA-FBR
SH	2.694	2.327	0	2.341	0	950	609
NI	6.028	5.462	0	4.483	0	1.800	853
MV	1.431	1.724	293	1.599	168	477	229
Küste	*10.153*	*9.513*	*293*	*8.423*	*168*	*3.227*	*1.691*
NW	2.677	5.522	2.845	4.807	2.130	1.013	451
ST	3.014	3.920	906	3.538	524	716	285
BB	3.767	5.421	1.654	3.396	0	1.063	349
Binnen-land Nord	*9.458*	*14.863*	*5.405*	*11.741*	*2.654*	*2.792*	*1.085*
RP	1.207	932	0	869	0	280	131
SL	77	113	36	98	21	23	10
HE	509	860	351	757	248	203	122
TH	692	687	0	628	0	208	91
SN	851	883	32	874	23	299	159
Binnen-land Mitte	*3.336*	*3.475*	*419*	*3.226*	*292*	*1.013*	*513*
BW	422	581	159	508	86	108	46
BY	411	542	131	471	60	99	41
Binnen-land Süd	*833*	*1.123*	*290*	*979*	*146*	*207*	*87*
BRD gesamt	23.780	28.974	6.407	24.369	3.260	7.239	3.376

Quelle: Eigene Darstellung nach DENA (2005, 11, 48) und Molly (2009, 1) sowie eigene Berechnungen. SH = Schleswig-Holstein, NI = Niedersachsen, MV = Mecklenburg-Vorpommern, NW = Nordrhein-Westfalen, ST = Sachsen-Anhalt, BB = Brandenburg, RP = Rheinland-Pfalz, SL = Saarland, HE = Hessen, TH = Thüringen, SN = Sachsen, BW = Baden-Württemberg, BY = Bayern.

Geht man mit dem IER davon aus, dass die technische Potenzialausnutzung der Windenergie in Sachsen im Bezugsjahr 2001 bei 59% lag und die tatsächlich in Sachsen installierte WEA-Leistung laut LfUG Ende 2001 bei 418 MW, lässt sich daraus für Sachsen ein Basispotenzial von 708 MW ableiten. Unter bestimmten Voraussetzungen (zusätzliche

Flächenausweisung, Repowering) hält das IER aber auch eine Steigerung um nochmals 56% für möglich, so dass die insgesamt in Sachsen installierbare WEA-Leistung auf 1.105 MW beziffert werden kann.[1] Würdigt man diese verschiedenen Einschätzungen und nimmt den derzeitigen Entwicklungstand von 826 MW per Ende 2007 hinzu, sind danach 1.100 MW für Sachsen bis 2020 als realistisch anzusehen. Bei unveränderter Aufteilung der installierten WEA-Leistung auf die drei sächsischen Regierungsbezirke (mit einem 28%-Anteil für Westsachsen) wäre obigen Prognosen zufolge mit 290 bis 330 MW installierter WEA-Leistung im Jahr 2020 in Westsachsen zu rechnen.

3.3 Zielvorgabe für das FlächEn-Projekt

Da während der Projektlaufzeit seitens der Politik keine regionalisierten quantitativen Zielvorgaben für die Windstromproduktion gemacht wurden, werden für die Optimierung der Windenergieproduktion im *FlächEn*-Projekt die nationalen Zielvorgaben für die gesamte Gruppe der erneuerbaren Energien (Verdopplung des Ausgangswerts im Jahr 2007 bis 2020) eins zu eins auf die Windenergieerzeugung in den Planungsregionen Nordhessen und Westsachsen übertragen. Anschließend wird deren Plausibilität anhand der in Abschnitt 3.2 diskutierten Prognosen und Szenarien überprüft. Eine Verdopplung des jährlich erzeugten Windstroms bis 2020 gegenüber 2007 bedeutet eine *Energiemengenzielvorgabe* von jährlich 690 GWh für Westsachsen und 540 GWh für Nordhessen. Diese Zielwerte basieren auf der Annahme, dass die Anteile der einzelnen erneuerbaren Energien konstant bleiben und alle Bundesländer und Planungsregionen in gleichem Verhältnis wie bisher zum Energieziel beitragen. Ein Abgleich mit den vorliegenden Prognosen und Szenarien zur installierten Windenergieleistung ergab, dass beide Zielvorgaben mit prognostizierten 330 MW in Westsachsen bzw. 479 MW in Nordhessen realisierbar wären. Die einfache Übertragung allgemeiner nationaler Vorgaben auf spezielle regionale Sektoren zeigt im Fall Nordhessens aber auch sehr deutlich, wie hierbei Potenziale unausgeschöpft bleiben können. Da diese Region von einem relativ niedrigen Ausgangsniveau star-

---

[1] Die Szenariovarianten werden in Monsees (2009: 38-45) ausführlich erläutert und kritisch gewürdigt.

tet, könnte sie auch leicht mehr als eine Verdopplung erreichen, wie das Verhältnis Energiemengenziel zu installierter Windenergieleistung von nur 1,1 (540/479) gegenüber 2,1 (690/330) in Westsachsen deutlich macht.

4 Rechtliche Rahmenbedingungen für die Ausweisung von Gebieten für Windenergie

Jana Bovet

Die rechtswissenschaftliche Auseinandersetzung mit Fragen der Errichtung und des Betriebs von WEA ist sehr umfangreich. Insbesondere die Rechtsprechung hat Kriterien entwickelt, die bei der Ausweisung von Gebieten für Windenergie zu beachten sind. Eine ökonomisch-ökologische Studie und Modellierung zur Entscheidungsoptimierung bei der Standortfindung von WEA muss daher die rechtlichen Rahmenbedingungen einbeziehen. Nur so kann ein empirisch und theoretisch fundiertes Gesamtkonzept für eine Optimierung der Landnutzung zur Allokation von WEA geleistet werden.

4.1 WEA als privilegierte Vorhaben im Außenbereich

In Reaktion auf das Urteil des Bundesverwaltungsgerichts vom 16.6.1994 (4 C 20/93) hat der Gesetzgeber im Jahr 1996 WEA im Außenbereich nach § 35 Abs. 1 Nr. 5 BauGB (damals: Nr. 7) eigenständig privilegiert (vgl. BT-Drs. 13/4978). Nach Ansicht des Gerichts waren WEA im Außenbereich nämlich nur dann zulässig, wenn sie als Nebenanlage einem landwirtschaftlichen Betrieb dienten, indem sie diesem mehr als 50% des erzeugten Stroms zuführten (§ 35 Abs. 1 Nr. 1 BauGB). Anlagen, die nach ihrem Zweck nicht als eine solche Nebenanlage konzipiert sind, waren damit praktisch nicht mehr genehmigungsfähig, weil die Hürden des dann anzuwendenden Genehmigungstatbestandes § 35 Abs. 2 BauGB sehr hoch sind. Als privilegierte Vorhaben sind WEA seit dieser Gesetzesnovelle im Außenbereich grundsätzlich zulässig, wenn nicht ausnahmsweise ein öffentlicher Belang entgegensteht (§ 35 Abs. 3 S. 1 BauGB). Gleichzeitig werden – als Gegengewicht – die Anlagen unter einen umfassenden Planvorbehalt der Raumordnungs- und Flächennutzungsplanung gestellt (§ 35 Abs. 3 S. 3 BauGB).

4.2 Die Privilegierung einschränkende Regelungen

Ein privilegiertes Vorhaben ist im Außenbereich nur dann zulässig, wenn ihm kein *öffentlicher Belang* entgegensteht (§ 35 Abs. 3 S. 1 BauGB). Durch die generelle Verweisung der privilegierten Vorhaben in den Außenbereich, hat der Gesetzgeber insofern eine planerische Entscheidung zugunsten dieser Vorhaben getroffen, als dass nicht allein die Beeinträchtigung öffentlicher Belange zur Unzulässigkeit führt, sondern darüber hinaus eine Abwägung zwischen den jeweils berührten öffentlichen Belangen und dem Vorhaben stattfinden muss (Battis in: Battis et al. 2007, § 201, Rn. 5). Zu den relevanten öffentlichen Belangen zählen u. a. Darstellungen des Flächennutzungsplans oder eines sonstigen Plans (§ 35 Abs. 3 S. 1 Nr. 1 und Nr. 2 BauGB), schädliche Umwelteinwirkungen (§ 35 Abs. 3 S. 1 Nr. 3 BauGB), die Verunstaltung des Landschaftsbildes (§ 35 Abs. 3 S. 1 Nr. 5 BauGB) sowie die Funktionsfähigkeit von Funkstellen und Radaranlagen (§ 35 Abs. 3 S. 1 Nr. 8 BauGB). Darüber hinaus gilt das Gebot der Rücksichtnahme.

Als öffentliche Belange, die jedem privilegierten Vorhaben entgegenstehen können, kommen zunächst Darstellungen im *Flächennutzungsplan* oder in einem *sonstigen Plan* in Betracht, die den anvisierten Standort in einer qualifizierten Weise „positiv" anderweitig verplanen (§ 35 Abs. 3 S. 1 Nr. 1 und Nr. 2 BauGB). Das ist der Fall, wenn die Windkraftanlage an einem Ort verwirklicht werden soll, an der ein rechtswirksamer Plan eine andere hinreichend bestimmte und konkrete Nutzung ausweist, die der Anlage entgegensteht (BVerwG, Beschl. v. 03.06.1998 – 4 B 6/98, NVwZ[1] 1998, 960). Dabei muss jedoch eine Einzelfallprüfung erfolgen, ob ein verträgliches Nebeneinander beider Nutzungen

---

[1] Neue Zeitschrift für Verwaltungsrecht

möglich ist (Ostkamp 2006, 47). Eine Auflistung mit potenziellen Konkurrenzfestlegungen findet sich bei BfN (2007). WEA müssen die Richtwerte der *TA-Lärm* einhalten (BVerwG, Urt. v. 29.08.2007 – 4 C 2/07, BayVBl. 2008, 151 (152); OVG Münster, Beschl. v. 11.03.2005 – 10 B 2462/04, Ohms 2003, 961). Die Richtwerte der TA-Lärm werden anhand der nach BauNVO vorgesehenen Gebietsfestlegungen bzw. der tatsächlichen baulichen Nutzung und nach Tag- bzw. Nachtwerten differenziert. Für den Außenbereich gibt es keine entsprechende Festsetzung, so dass die Rechtsprechung davon ausgeht, dass ein im Außenbereich Wohnender einen Anspruch auf Einhaltung des Wertes hat, der für „Dorf- und Mischgebiete" gilt (45dB). Bei der rechtlichen Beurteilung der Geräuschimmissionen ist nicht auf ein subjektives Empfinden des Betroffenen abzustellen, sondern auf das eines „durchschnittlichen, repräsentativen, verständigen Menschen" (BVerwGE v. 23.09.1999 – 4 C 6/98, 109, 314 (324); OVG Münster, Urt. v. 18.11.2002 – 7 A 2127/00, NVwZ 2003, 756 (757); Hinsch 2008, 569). Eine Berücksichtigung der Vorbelastung ist nur erforderlich, wenn aufgrund konkreter Anhaltspunkte absehbar ist, dass die zu beurteilende Anlage im Falle ihrer Inbetriebnahme zu einer Überschreitung der Immissionsrichtwerte beitragen wird. Auch Schattenwurf und Lichtreflexe gehören zu den zu prüfenden schädlichen Umwelteinwirkungen.

Nach ständiger Rechtsprechung des Bundesverwaltungsgerichts sind WEA in förmlich festgesetzten *Schutzgebieten* unzulässig (BVerwG, Urt. v. 20.01.1984 – 4 C 43.81). Gleiches gilt für Vogelschutz- oder FFH-Gebiete. Für die europarechtlich geschützten Arten (vgl. Anh. IV-Arten der FFH-RL 92/43/EWG) – das sind u.a. alle in Deutschland heimischen Fledermausarten – und die europäischen Vogelarten gilt das strengere Schutzregime gem. § 42 Abs. 4 und 5 BNatSchG. Entsprechend hat das Bundesverwaltungsgericht zum Fledermausschutz entschieden, dass auch durch den Normalbetrieb einer WEA oder einer Autobahn das Tötungsverbot des § 42 Abs. 1 Nr. 1 BNatSchG erfüllt sein kann, wenn sich dadurch „das Kollisionsrisiko in signifikanter Weise erhöht" (BVerwG, Urt. v. 09.07.2008 – 9 A 14/07; BVerwG, Urt. v. 12.03.2008 – 9 A 3/06, NuR[1] 2008, 633; s. auch die grundlegende „Caretta-Entscheidung" des EuGH, Urt. v. 30.01.2002 – C 103/00, NuR 2004, 596; a.A. VGH Mannheim, Urt. v. 25.04.2007 – 5 S 2243/05). Zukünftig wird auch dem Ar-

[1] Zeitschrift Natur und Recht

tenschutz außerhalb von besonderen Schutzgebieten eine größere Bedeutung zukommen, weil der Plangeber diesbezüglich sorgfältige Ermittlungen anzustellen hat, um gewährleisten zu können, dass sich in den identifizierten Vorranggebieten die Windenergienutzung tatsächlich durchsetzen kann. (OVG Münster, Urt. v. 13.12.2007 – 8 A 2810/04 ZUR[1] 2008, 209; VG Saarlouis, Urt. v. 19.9.2007 – 5 K 58/06, ZUR 2008, 271; Köck 2009; s. auch: VG Koblenz; Urteil v. 24.07.2008 – 1 K 1971/07.KO, wonach eine WEA, die sich weniger als 200 m von dem Horst eines brütenden Rotmilanpaares befindet, nicht realisiert werden darf).

Auch bei einer Verunstaltung des Landschaftsbildes durch die Windkraftanlage steht ihr ein öffentlicher Belang entgegen (§ 35 Abs. 3 S. 1 Nr. 5 BauGB). Dabei sind Vorbelastungen der Landschaft durch technische Einrichtungen und Bauten ebenso zu berücksichtigen wie der konkrete Standort und die Gestalt der Anlage (Baukörper, Drehbewegung, Rotor) (BVerwG, Beschl. v. 18.03.2003 – 4 B 7/03, Rn. 11). Der Maßstab für die Beurteilung, ob eine Verunstaltung des Landschaftsbildes vorliegt, ist für die Rechtsprechung anhand des Standpunktes eines gebildeten, für den Natur- und Landschaftsschutz aufgeschlossenen Betrachters zu bilden (BVerwGE v. 12.07.1956 – I C 91.54, 4, 57; BVerwGE v. 13.04.1983 – 4 C 21/79, 67, 84; VGH München, Urt. v. 25.03.1996 – 14 B 94.119, NVwZ 1997, 1010 (1011)).

Darüber hinaus hat das *Gebot der Rücksichtnahme* in § 35 Abs. 3 S. 1 Nr. 3 BauGB eine besondere Ausformung erhalten. Neben dem objektivrechtlichen Gebot, die Nachbarschaft vor unzumutbaren Einwirkungen, die von einem Vorhaben ausgehen, zu schützen, umfasst es auch Fälle, in denen sonstige nachteilige Wirkungen in Rede stehen. Die Rechtsprechung zählt dazu auch die von WEA ausgehende „optisch bedrängende" Wirkung durch die Drehbewegungen der Rotoren auf bewohnte Nachbargrundstücke im Außenbereich (BVerwG, Beschl. v. 11.12.2006 – 4 B 72/06, ZNER[2] 2007, 94; OVG Münster, Urt. v. 09.08.2006 – 8 A 3726/05, ZNER 2006, 361). Ob von einer Windkraftanlage eine optisch bedrängende Wirkung auf eine Wohnbebauung ausgeht, ist stets anhand aller Umstände des Einzelfalls zu prüfen, für die die Rechtsprechung grobe Anhaltswerte gibt (OVG Münster, Beschl. v. 17.01.2007 – 8 A

---

[1] Zeitschrift für Umweltrecht
[2] Zeitschrift für Neues Energierecht

2042/06, ZNER 2007, 79; ebenso: OVG Münster Urt. v. 09.08.2006 – 8
A 3726/05, ZNER 2006, 361):

a. Beträgt der Abstand zwischen einem Wohnhaus und einer Windkraftanlage mindestens das Dreifache der Gesamthöhe (Nabenhöhe + ½
Rotordurchmesser) der geplanten Anlage, dürfte die Einzelfallprüfung überwiegend zu dem Ergebnis kommen, dass von dieser Anlage
keine optisch bedrängende Wirkung zu Lasten der Wohnnutzung
ausgeht.

b. Ist der Abstand geringer als das Zweifache der Gesamthöhe der Anlage, dürfte die Einzelfallprüfung überwiegend zu einer dominanten
und optisch bedrängenden Wirkung der Anlage gelangen.

c. Beträgt der Abstand zwischen dem Wohnhaus und der Windkraftanlage das Zwei- bis Dreifache der Gesamthöhe der Anlage, bedarf es
regelmäßig einer besonders intensiven Prüfung des Einzelfalls. Bei
der Einzelfallwürdigung können insbesondere die Kriterien Höhe und
Standort der Windkraftanlage, Größe des Rotordurchmessers, Blick-
winkel, Hauptwindrichtung, Lage der Aufenthaltsräume und deren
Fenster zur Anlage von Bedeutung sein.

Dennoch gilt die Prämisse, dass derjenige der im Außenbereich wohnt,
grundsätzlich mit der Errichtung von in diesem Bereich nach § 35 Abs. 1
BauGB privilegierten Windkraftanlagen und ihren optischen Auswirkungen rechnen muss. Der Schutzanspruch entfällt zwar nicht im Außenbereich, jedoch vermindert er sich dahin, dass dem Betroffenen eher Maßnahmen zumutbar sind, durch die er den Wirkungen der Windkraftanlage
ausweicht oder sich vor ihnen schützt (OVG Münster, Beschl. v.
17.01.2007 – 8 A 2042/06, ZNER 2007, 79).

Nicht zuletzt können auch Störungen der *Funktionsfähigkeit von
Funkstellen und Radaranlagen* gem. § 35 Abs. 3 S. 1 Nr. 8 BauGB einer
Anlage entgegenstehen. Allerdings setzt dies eine konkrete Gefahr für
die Sicherheit des Luftverkehrs voraus (VG Aachen, Urt. V. 15.07.2008
– 6 K 1367/07, ZNER 2008, 276).

Durch positive Gebietsausweisungen können die Träger der Regionalplanung und Gemeinden im Rahmen ihrer Flächennutzungsplanung Gebietsfestlegungen treffen, mit denen WEA an einzelnen Stellen gebündelt
und gleichzeitig für den restlichen Planungsraum ausgeschlossen werden
(„Planvorbehalt“, § 35 Abs. 3 S. 3 BauGB). Um zu verhindern, dass

durch diese gebietliche Steuerung die baurechtliche Privilegierung unterlaufen wird, stellt die Rechtsprechung hohe Anforderung an die Ausweisung von solchen Konzentrationszonen. So müssen neben einem gesamträumlichen Planungskonzept entsprechende Positivfestlegungen erfolgen, und der Windenergie ist in substanzieller Weise Raum zu verschaffen (ausführlich dazu: Köck/Bovet 2009).

Weitere Einschränkungen können sich auch durch das Straßenrecht ergeben, wonach sowohl bei Bundes- als auch Landes- und Kreisstraßen in bestimmten Entfernungen keine Hochbauten errichtet werden dürfen (z.B.: § 9 FStrG, § 24 Sächsisches Straßengesetz, § 23 Hessisches Straßengesetz, §§ 29, 30 Straßen- und Wegegesetz des Landes Schleswig-Holstein). Ebenso können Vorschriften aus dem Wasserrecht Beschränkungen zu Folge haben. So müssen zum Beispiel Gewässerrandstreifen freigehalten werden (§ 50 Sächsisches Wassergesetz, § 94 Wassergesetz für das Land Sachsen-Anhalt). In den Küstenländern gibt es zudem Beschränkungen für die Verwirklichung von Anlagen in Deichnähe (z.B.: § 16 Niedersächsisches DeichG, § 80 LandeswasserG Schleswig-Holstein). Des Weiteren dürfen in der Umgebung von Baudenkmälern Anlagen nicht errichtet werden, wenn dadurch das Erscheinungsbild des Baudenkmals beeinträchtigt wird, oder es bedarf einer besonderen Genehmigung (§ 16 Abs. 2 Denkmalschutzgesetz Hessen, § 8 Niedersächsisches Denkmalschutzgesetz) (vgl dazu: Nds. OVG, Urt. v. 28.11.2007 – 12 LC 70/07, BauR 2009, 784).

Neben den gesetzlichen Regelungen existieren in vielen Bundesländern zum Teil mehrere ministerielle Erlasse, in denen sich Grundsätze und Empfehlungen für Planung und Genehmigung von Windkraftanlagen befinden. In diesen Erlassen werden – mit unterschiedlicher Schwerpunktsetzung und Detailliertheit – insbesondere Anforderungen an die Abstände zur Bebauung und Höhenbegrenzungen festgelegt. Die Vorgaben beziehen sich dabei auf Raumordnungspläne, auf die Bauleitplanung oder auf das Genehmigungsverfahren. In der Regel haben die Erlasse nur den Charakter von unverbindlichen Hinweisen bzw. von Empfehlungen (OVG Lüneburg, Beschl. v. 02.10.2003 – 1 LA 28/03). Allerdings treffen Genehmigungsbehörden in der Praxis häufig Entscheidungen, denen die Aussagen und Vorgaben der Erlasse zugrunde liegen, weil sie verwaltungsintern daran gebunden sind.

4.3 Bedeutung der rechtliche Rahmenbedingungen für das Repowering

Die aufgezeigten rechtlichen Kriterien für das Genehmigungsverfahren einer WEA stellen insbesondere die Regionalplanung vor die Aufgabe, diese in ihre gebietliche Steuerung von Windenergiegebieten einfließen zu lassen, denn nur wenn sich dort die Windenergie auch tatsächlich durchsetzen kann, sind die getroffenen Gebietsfestlegungen rechtswirksam (Köck/Bovet 2009). Aber auch das komplette Ersetzen einer alten WEA an Ort und Stelle zählt nicht mehr als Instandhaltung oder Modernisierung, so dass für die Zulassung einer Ersatzanlage die gleichen bauplanerischen Voraussetzungen gelten wie für Neuanlagen (DStGB 2009, 50; zum Bestandschutz: BVerwGE v. 12.03.1998 – 4 C 10/97, 106, 228 unter Aufgabe der alten Rechtsprechung, die noch einen aktiven bzw. übergreifenden Bestandsschutz mit Verweis auf Art. 14 GG bejahte).

Die in diesem Abschnitt 4 vorgestellten Kriterien bilden eine Grundlage für die Modellierung zur Identifizierung eines potenziellen Eignungsraums für WEA in Abschnitt 8.

5 Auswahl und Kenndaten der Untersuchungsregionen Westsachsen und Nordhessen

Jan Monsees und Marcus Eichhorn

Der politisch angestrebte massive Ausbau der Windenergie lässt sich allein durch Offshore-Windparks und die Errichtung von WEA an küstennahen Landstandorten nicht umsetzen. Deshalb wurde das Modellierungs- und Bewertungsverfahren im Rahmen des *FlächEn*-Projekts auf zwei Untersuchungsregionen in küstenfernen Bundesländern angewendet: Westsachsen und Nordhessen, die bislang beide eine deutlich unterdurchschnittliche Windenergienutzung aufweisen. Es handelt sich bei diesen räumlichen Analyse- und Modellierungseinheiten um *Planungsregionen*, womit die für die Aufstellung von Regionalplänen und die Ausweisung von Vorrang- und Eignungsgebieten für die Windenergienutzung maßgebliche Maßstabsebene angesprochen ist.

Für die Auswahl speziell von *Westsachsen* sprachen eine Reihe weiterer Gründe. So beträgt die gegenwärtig hier installierte Windenergiekapazität nur gut ein Drittel derjenigen der in etwa gleichgroßen und ähnlich strukturierten Nachbarregion Anhalt-Bitterfeld-Wittenberg. Zudem weist Westsachsen einen großen Anteil an Offenlandflächen auf, so dass relativ hohe Windgeschwindigkeiten zu erwarten waren. Hinzu kommt, dass sich das wichtigste Habitat des Rotmilans, einer durch WEA besonders gefährdeten Vogelart, mit ca. 50% seiner weltweiten Population in Deutschland befindet, wovon ungefähr 10% in Sachsen liegen. Da Rotmilan und Windenergienutzung ähnliche Landschaftstypen bevorzugen, ist die Untersuchung und mögliche Lösung eines exemplarischen Konflikts aus wissenschaftlicher Perspektive gerade in dieser Region besonders vielversprechend. Westsachsen ist eine von aktuell vier Planungsregionen[1] im Bundesland Sachsen mit knapp 1 Mio. Einwohnern auf einer Gesamtfläche von 4.388 km², was einer Dichte von 245 Einwohnern pro km² entspricht (Stand: Ende 2007). Ende 2007 waren in Westsachsen 221 WEA mit einer Gesamtkapazität von 235 MW installiert, die im Jahr 2007 345 GWh Strom produzierten und damit die Emission von ungefähr 296.000 t CO_2 verhinderten.[2] Die Landnutzung in der Region Westsachsen ist in Abbildung 5.1 dargestellt.

Für *Nordhessen* als zweiter Untersuchungs- und damit Vergleichsregion zu Westsachsen sprachen einerseits ebenfalls die Lage im Hinterland, andererseits das Vorhandensein einer Mittelgebirgslandschaft mit zum Teil besonders waldreichen Gebieten. Der daraus resultierende geringere Anteil an Offenlandflächen lässt ein beträchtliches Konfliktpotenzial zwischen den verschiedenen regionalplanerischen Zielen einschließlich des Rotmilanschutzes erwarten. Hinzu kommt, dass sich nordwestlich der Region eine militärische Radarstation befindet, die gewisse Erschwernisse für die Errichtung von WEA impliziert (vgl. Abschnitte 4 und 8).

Nordhessen ist eine von drei Planungsregionen im Bundesland Hessen mit etwas über 1,2 Mio. Einwohnern auf einer Gesamtfläche von 8.289 km². Weil diese Fläche jedoch fast doppelt so groß wie die von Westsachsen ist, wurde im *FlächEn*-Projekt nur ein Ausschnitt davon betrachtet, der ungefähr der Größe Westsachsens entspricht. Der ausgewählte Teil der Planungsregion, der im Folgenden synonym für Nordhessen steht, umfasst die Stadt Kassel sowie die drei Landkreise Kassel, Schwalm-Eder und Waldeck-Frankenberg. Dieses Gebiet weist mit ca. 785.000 Ein-

---

[1] Die angegebenen Daten repräsentieren den Gebietsstand vor dem 1. August 2008, als die Planungsregion Westsachsen von der Stadt Leipzig sowie den damaligen Landkreisen Delitzsch, Döbeln, Leipziger Land, Muldental und Torgau-Oschatz gebildet wurde. Zum 1. August 2008 reduzierte das Land Sachsen die Anzahl seiner Landkreise und Planungsregionen und veränderte deren Zuschnitt. Aus vormals fünf wurden vier Planungsregionen, und Westsachsen blieb zwar Planungsregion, musste aber den vormaligen Landkreis Döbeln an die neu gebildete Planungsregion Südsachsen abtreten. Die Planungsregion Westsachsen wird seitdem von der Stadt Leipzig sowie den neu gebildeten Landkreisen Leipzig und Nordsachsen gebildet.

[2] Nach Angaben des Landesamtes für Umwelt und Geologie (LfUG) Sachsen in Dresden; Berechnung der CO_2-Vermeidung nach Ragwitz/Klobasa (2005).

wohnern auf einer Gesamtfläche von 4.786 km² allerdings eine wesentlich geringere Bevölkerungsdichte (164 Einwohner pro km²) als Westsachsen auf (Stand: Ende 2007). Ende 2007 waren in Nordhessen 223 WEA mit einer Gesamtkapazität von 183 MW installiert, die im Jahr 2007 270 GWh Strom produzierten und damit die Emission von ungefähr 230.000 t CO_2 verhinderten.[1] Die Landnutzung bzw. Landbedeckung der Region Nordhessen ist in Abbildung 5.2 dargestellt.

---

[1] Nach Angaben des Regierungspräsidiums Kassel; Berechnung der CO_2-Vermeidung nach Ragwitz/Klobasa (2005).

Abbildung 5.1: Landnutzung in der Untersuchungsregion Westsachsen

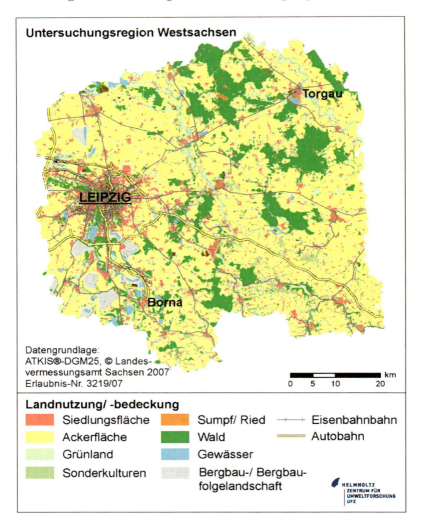

Abbildung 5.2: Landnutzung in der Untersuchungsregion Nordhessen

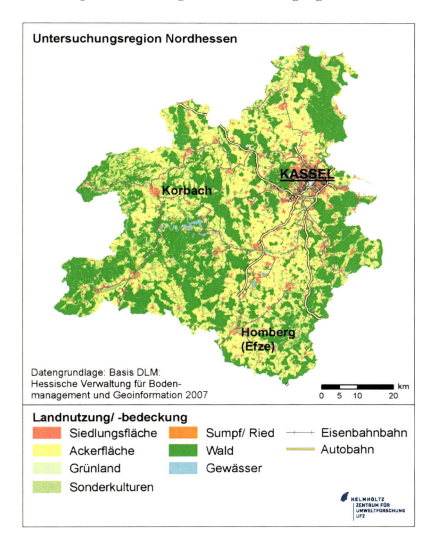

Kapitel III

Die Nachfragefunktion

6 Externe Effekte der Windenergie

Jürgen Meyerhoff und Martin Drechsler

Die Auswirkungen von WEA auf Natur und Landschaft stellen aus ökonomischer Sicht externe Effekte dar, da sie nicht über den Preis- bzw. Marktmechanismus vermittelt werden. Dementsprechend werden diese Effekte oftmals nicht hinreichend berücksichtigt, wenn die Wirtschaftlichkeit von Investitionsmaßnahmen beurteilt wird. Im vorgestellten Verfahren wurden die externen Effekte von WEA daher mit Hilfe von Choice Experimenten (CE) bestimmt, einer umfragebasierten Bewertungsmethode. Die ermittelten marginalen Zahlungsbereitschaften für Veränderungen in der Ausgestaltung der Windenergie werden anschließend für die Ermittlung einer Funktion der externen Kosten herangezogen.

6.1 Choice Experimente

In der ökonomischen Umweltbewertung haben sich CE neben der Kontingenten Bewertung als zweite Methode zur direkten Messung der Präferenzen für Umweltveränderungen etabliert (z.B. Hanley/Barbier 2009). Bei Anwendung der direkten Bewertungsmethoden wird durch den Einsatz von Interviews ein hypothetischer Markt errichtet, auf dem dann die Umweltveränderung monetär bewertet wird. Der Vorteil der CE ist insbesondere darin zu sehen, dass mit ihrer Hilfe nicht nur eine Umweltveränderung insgesamt bewertet werden kann, sondern die Wertschätzung für die Änderung mehrerer Attribute – im Falle von Landschaften zum Beispiel für die Form der Landnutzung (Wald oder Acker), die Möglichkeit des Zutritts zu Schutzgebieten (ja/nein) – getrennt berechnet werden kann (Holmes/Adamowicz 2003). Dadurch können CE umfangreichere

Informationen sowohl für das Umweltmanagement als auch für umweltpolitische Entscheidungen zur Verfügung stellen (siehe die Beiträge in
Birol/Koundouri 2008). Anders als im Fall der Kontingenten Bewertung
werden bei Durchführung eines CE den befragten Personen in der Regel
mehrere Choice Sets mit mindestens zwei Alternativen vorgelegt, von
denen die Personen dann die jeweils bevorzugte (nutzenmaximierende)
Alternative auswählen sollen (Bateman et al. 2002). Einen aktuellen Literaturüberblick über Entwicklungen zum Design und zur Auswertung von
CE bietet Hoyos (2010).

Zu den inzwischen vielfältigen Anwendungen der Methode zur Bewertung von Umweltveränderungen gehört auch die Bewertung der
negativen Auswirkungen (externe Effekte) von WEA auf Natur und
Landschaft (siehe Meyerhoff et al. 2010 für einen Literaturüberblick).
Zusammengefasst zeigen die bisherigen Studien, dass Auswirkungen von
erneuerbaren Energien auf Natur (Biodiversität) negativ bewertet werden
und dass größere Distanzen zu den Standorten der Anlagen positiv bewertet werden. Hinsichtlich der Bewertung der Größe von Windparks
sind die bisherigen Ergebnisse unterschiedlich, dass heißt, sie deuten eher
auf heterogene Präferenzen hin (größere werden kleineren Parks bevorzugt und umgekehrt). Werden in den CE mehrere erneuerbare Energien
miteinander verglichen, dann wird in der Regel die Windenergie bevorzugt.

6.2 Design der Choice Experimente

In beiden Untersuchungsregionen, Westsachsen und Nordhessen, wurden
die gleichen Choice Sets mit denselben Attributen für die Durchführung
der CE verwendet. Jedes Choice Set zeigt drei Alternativen in Form der
Programme A, B und C, die verschiedene mögliche Ausgestaltungen der
Windenergienutzung in den beiden Untersuchungsregionen zeigen (Tabelle 6.1). Programm A ist auf allen Choice Sets gleich (zukünftiger
Status quo) und zeigt die Level der Attribute für ein Programm, das eine
kostengünstige Erzeugung von Strom aus Windenergie in der Region erlauben würde. Für dieses Programm ist kein Zuschlag zur Stromrechnung
zu zahlen. Die Programme B und C zeichnen sich dadurch aus, dass mindestens ein Attribut die Ausgestaltung der Windenergie in der Region
begrenzen würde, zum Beispiel durch einen höheren Mindestabstand von

WEA zum Ortsrand verglichen mit Programm A. Für die Umsetzung dieses Programms wäre ein monatlicher Zuschlag zur Stromrechnung zu zahlen. Als weitere Attribute neben dem Preis wurden verwendet: „Größe der Windparks", „Maximale Höhe einer Anlage", „Rückgang des Rotmilanbestandes" sowie „Mindestabstand zum Ortsrand". Die Attribute wurden im Projektteam ausgewählt und in drei Focus-Groups in Westsachsen (insgesamt 25 Teilnehmer) und 30 Pretest-Interviews in beiden Regionen überprüft. Jedes Attribut außer dem Zuschlag zur Stromrechnung hat drei Level, der Zuschlag zur Stromrechnung fünf.

Tabelle 6.1: Beispiel eines Choice Sets

Windenergie in Nordhessen bis 2020

	Programm A	Programm B	Programm C
Größe der Windparks	große Parks	kleine Parks	kleine Parks
Maximale Höhe einer Anlage	200 Meter	150 Meter	110 Meter
Rückgang des Rotmilanbestandes	10 %	5 %	15 %
Mindestabstand zum Ortsrand	750 Meter	1.500 Meter	750 Meter
Zuschlag zur Stromrechnung pro Monat ab 2009	0 €	1 €	6 €
Ich wähle ☑	☐	☐	☐

Ziel bei der Entwicklung des experimentellen Designs war es, die Schätzung der Haupteffekte, das heißt die Veränderung der Level einzelner Attribute unabhängig vom Wert anderer Level, sowie eines Interaktionseffektes zwischen Höhe der WEA und Mindestabstand zum Ortsrand zu ermöglichen. Das endgültige Design[2] umfasst 40 Choice Sets, die in acht

---

[2] Für die Erstellung des experimentellen Designs (siehe Johnson et al. 2007) nach dem Kriterium der D-Optimalität wurden Makros für die Statistik-Software SAS verwendet (Kuhfeld 2005)

Blöcke aufgeteilt wurden, so dass jede befragte Person fünf Choice Sets aus dem experimentellen Design präsentiert bekam. Zusätzlich wurden jeder Person zwei Methodensets präsentiert, um auf Stabilität der Entscheidungen und inkonsistente Präferenzen testen zu können. Die folgende Aufzählung beschreibt die Attribute, die in den CE für Westsachsen verwendet wurden (Abweichungen für Nordhessen werden in Klammern angegeben). Der Text entspricht demjenigen, der den befragten Personen in der Umfrage zur Information gegeben wurde. Die kursiv gedruckten Levels wurden in Programm A verwendet.

– GRÖßE DER WINDPARKS: Werden mehrere Windkraftanlagen zu einem Park zusammengeschlossen, dann sinken die Kosten der Stromerzeugung durch einen günstigeren Anschluss an das Stromnetz. Je größer ein Windpark jedoch ist, desto stärker kann sein Einfluss zum Beispiel auf das Landschaftsbild am jeweiligen Standort sein. Im Programm A würde es große Windparks von etwa 16 bis 18 einzelnen Anlagen in Westsachsen geben. In den Programmen B und C könnten es auch mittlere Parks (etwa 10 bis 12 Anlagen) oder kleine Parks (etwa 4 bis 6 Anlagen) sein. Wenn die Parks groß sind, werden im Allgemeinen weniger Windparks zur Erzeugung einer bestimmten Strommenge benötigt. Sind die Parks eher klein, werden entsprechend mehr Windparks benötigt.
Attributslevel: *große Parks: 16 bis 18 WEA* / mittlere Parks: 10 bis 12 WEA / kleine Parks 4 bis 6 WEA.

– MAXIMALE HÖHE EINER ANLAGE: Je höher und größer eine Windkraftanlage ist, desto mehr Strom kann sie in der Regel produzieren. Der Wind weht in größeren Höhen stärker und konstanter. Je höher die Anlagen also sein dürfen, desto weniger Anlagen werden für die Erzeugung einer bestimmten Strommenge gebraucht. Mit der Höhe kann jedoch die Sichtbarkeit der Anlagen in der Landschaft zunehmen. Im Programm A ist die maximale Höhe auf 200 Meter begrenzt. In den Programmen B und C kann sie auch auf 150 Meter oder 110 Meter begrenzt sein.
Attributslevel: 110 m / 150 m / *200 m.*

– RÜCKGANG DES ROTMILANBESTANDES: Die Windkraftanlagen werden nicht in Naturschutzgebieten aufgestellt. Aber auch außerhalb dieser Gebiete kann es zu Konflikten mit dem Naturschutz kommen. Vor allem der Rotmilan, ein Greifvogel mit einem Verbreitungsschwer-

punkt in Sachsen, ist vom Ausbau der Windkraft betroffen. Heute leben etwa 950 Rotmilan-Brutpaare in Westsachsen (Nordhessen 900). Für Programm A wäre ein um 10% geringerer Bestand im Jahr 2020 in Westsachsen zu erwarten. Dadurch würde sich die Anzahl der Brutpaare bis 2020 auf etwa 855 Rotmilan-Brutpaare in Westsachsen verringern. In den Programmen B und C könnte der Rückgang bis 2020 auch 5% (etwa 905 statt heute 950 Brutpaare) oder 15% (etwa 810 statt heute 950 Brutpaare) betragen.
Attributslevel: 5 % / *10 %* / 15 %.

– MINDESTABSTAND ZUM ORTSRAND: Windkraftanlagen müssen einen Mindestabstand zum Ortsrand einhalten. Dadurch sollen Beeinträchtigungen der Bewohner vermieden werden. Wird der Mindestabstand größer, dann können nicht mehr für alle Anlagen optimale Standorte gefunden werden und die Kosten für den Anschluss an das Stromnetz würden tendenziell steigen. Im Programm A beträgt der Abstand zum Ortsrand mindestens 750 Meter. Auch bei diesem Abstand würden die gesetzlichen Vorschriften zur Minderung der Belastungen durch Schall und Schattenwurf eingehalten. In den Programmen B und C kann der Abstand auch 1.100 Meter oder 1.500 Meter betragen.
Attributslevel: *750 m* / 1.100 m / 1.500 m.

– ZUSCHLAG ZUR STROMRECHNUNG PRO MONAT AB 2009: Das Programm A stellt aus heutiger Sicht den Stand der Technik bis 2020 für die Erzeugung von Strom aus Windkraft in Westsachsen dar. Es wäre sehr kostengünstig und würde eine effiziente Stromproduktion aus Windkraft ermöglichen. Die davon abweichenden Programme B und C würden zu zusätzlichen Kosten führen. Um diese Mehrkosten gegenüber dem Programm A zu decken, ist mit den Programmen B und C ab 2009 ein fester Zuschlag auf Ihre Stromrechnung verbunden. Er liegt je nach Programm zwischen 1 € und 6 € pro Monat.
Attributslevel: *0 € / 1 € / 2,5 € / 4 € / 6 €.*

– VERMIEDENE KOHLENDIOXID-EMISSIONEN: Die Stromerzeugung mit Windkraft vermeidet Kohlendioxid-Emissionen (CO_2). Alle drei Programme A, B und C würden zur selben Strommenge und somit auch zur gleichen Menge an vermiedenem Kohlendioxid führen. Jedes Programm würde rund 570.000 t (Nordhessen 550.000 t) Kohlendioxid pro Jahr vermeiden. Da die Menge sich nicht ändert, wird sie im Interview nicht mehr aufgeführt werden.

Attributslevel: Die vermiedenen Kohlendioxid-Emissionen wurden nicht variiert und dementsprechend nicht im experimentellen Design und im Choice Set berücksichtigt.

Die Umfrage wurde in beiden Regionen als zweistufige Telefonumfrage durchgeführt. In der ersten Stufe wurden zufällig ausgewählte Haushalte angerufen (Random Digit Dialing) und gefragt, ob eine Person im Haushalt bereit wäre, an der Umfrage teilzunehmen. Anschließend wurde eine Zielperson im Haushalt ermittelt anhand der Quotenkriterien Alter und Geschlecht. Durch diese Kriterien wird sichergestellt, dass die Stichprobe jeweils die Bevölkerungsstruktur in den beiden Untersuchungsregionen widerspiegelt. Bei Erfüllung der Quotenkriterien wurde die Adresse der Person aufgenommen, ein Termin für die Hauptbefragung vereinbart und die Informationsmaterialien zugesendet. Sie umfassten die Beschreibung der Attribute inklusive einem Beispiel für ein Choice Set sowie Listen mit Items zur Vereinfachung des Interviews. Das Hauptinterview wurde dann zur vereinbarten Zeit durchgeführt oder ein neuer Termin vereinbart. Das Interview gliederte sich in drei Teile: Im ersten Teil wurde das CE durchgeführt, dass heißt, die Personen wurden nach ihrer Auswahl zwischen den Programmen A, B und C auf den jeweils sieben Choice Sets gefragt. Im zweiten Teil wurden Fragen zur Wichtigkeit der einzelnen Attribute für die Auswahlentscheidung gestellt und die Betroffenheit durch WEA in der Region sowie Einstellungen gegenüber der Windenergie, gegenüber der regionalen Umweltqualität oder der Klimapolitik der Bundesregierung abgefragt. Im dritten Teil wurden soziodemographische Angaben erfragt.

6.3 Ergebnisse der Hauptbefragung

Insgesamt wurden 708 auswertbare Interviews realisiert, 353 in Westsachsen und 355 in Nordhessen. Tabelle 6.2 zeigt für beide Stichproben wesentliche soziodemographische Merkmale. Während die Mittelwerte für Alter und Geschlecht nahe beieinander liegen, gibt es bei anderen Werten deutliche Abweichungen. So ist das Einkommen in Nordhessen im Mittel deutlich höher als in Westsachsen. Weiterhin sind mehr Personen in Nordhessen Mitglied in einer Umweltschutzorganisation, und es leben mehr Personen in Westsachsen im urbanen Raum (hier Stadt

Leipzig). Zudem ist der Anteil derjenigen, die in Westsachsen in der Nähe von WEA wohnen, leicht höher.

Tabelle 6.2: Soziodemographische Angaben
Mittelwert (Standardabweichung)

	Westsachsen	Nordhessen
N	353	355
Alter	49,20 (16,89)	48,21 (15,99)
Geschlecht (1 = weiblich)	0,49 (0,50)	0,49 (0,50)
Nettohaushaltseinkommen	1907,43 (1024,04)	2380,09 (995,27)
Personen pro Haushalt	2,27 (1,16)	2,62 (0,28)
Urban (Leipzig / Kassel; 1 = ja)	0,38 (0,49)	0,20 (0,40)
WEA nahe Haus oder Wohnung (1 = ja)	0,24 (0,43)	0,20 (0,40)
Mitglied Umweltorganisation (1 = ja)	0,05 (0,23)	0,12 (0,32)
Bezug Grüner Strom (1 = ja)	0,07 (0,26)	0,13 (0,34)
Dauer der Jahre am Wohnort	26,74 (21,06)	26,95 (19,62)

Tabelle 6.3 zeigt, wie viele Personen in beiden Regionen in der Nähe von WEA wohnen und wie stark sie sich durch diese gestört fühlen. Im Fragebogen war „Nähe zur Windenergieanlage" definiert als eine Distanz von bis zu drei Kilometern. In Westsachsen ist der Anteil derjenigen, die in der Nähe einer WEA wohnen, mit 25,2% deutlich höher als in Nordhessen (19,4%). Allerdings zeigt sich für beide Regionen, dass nur sehr wenige Personen sich von den WEA „sehr gestört" und nur wenige sich „ziemlich gestört" fühlen.

Tabelle 6.4 zeigt, wie sich die Häufigkeit der Begegnung mit WEA in den vier Wochen vor dem Interview auf die Beurteilung der regionalen Umweltqualität auswirkt. Nach der regionalen Umweltqualität wurde wie folgt gefragt: „Schließlich möchten wir Sie nach Ihrer Zufriedenheit mit dem gegenwärtigen Zustand der Umwelt in Westsachsen (Nordhessen) fragen. Würden Sie sagen, Sie sind insgesamt gesehen mit dem Zustand der Umwelt in Westsachsen (Nordhessen) ... sehr zufrieden / ziemlich zufrieden / nicht sehr zufrieden / oder überhaupt nicht zufrieden?".

Tabelle 6.3: Nähe zu WEA und Grad der Störung

	Westsachsen		Nordhessen	
	%	N	%	N
Wohnen in der Nähe von WEA				
Ja	25,2	85	19,4	69
Nein	75,8	268	80,6	286
Gesamt	100,0	353	100,0	355
WEA in bis zu drei Kilometer Entfernung von der Wohnung				
bis 1 Kilometer	9,4	8	14,5	10
1 bis 2 Kilometer	21,2	18	14,5	10
2 bis 3 Kilometer	69,4	59	71,0	49
Gesamt	100,0	85	100,0	69
Fühlen sich gestört durch WEA				
überhaupt nicht gestört	83,5	71	70,0	48
nicht sehr gestört	10,6	9	15,0	15
ziemlich gestört	4,7	4	4,0	4
sehr gestört	1,2	1	2,0	2
Gesamt	100,0	85	100,0	69

In beiden Regionen ist die deutliche Mehrheit der Befragten mit der Umweltqualität ziemlich „zufrieden" (73% in Westsachsen, 70% in Nordhessen), in Nordhessen liegt dagegen der Anteil derjenigen, die mit der Umweltqualität „sehr zufrieden" sind, deutlich höher (Westsachsen 9%, Nordhessen 21%). Jedoch zeigt sich für beide Regionen kein signifikanter Zusammenhang zwischen der Bewertung der regionalen Umweltqualität und der Häufigkeit, WEA in den vier Wochen vor dem Interview begegnet zu sein. Personen, die WEA häufiger begegnet sind, beurteilen die Umweltqualität nicht schlechter als Personen, die weniger häufig Anlagen begegnet sind. Für den Test auf einen signifikanten Zusammenhang zwischen der „Begegnung mit Windenergieanlage" und der „Zufriedenheit mit der regionalen Umweltqualität" wurde Fishers exakter Test verwendet.

Tabelle 6.4: Begegnung mit WEA in den vier Wochen vor dem Interview und Zufriedenheit mit regionaler Umweltqualität (in %)

	Westsachsen				Nordhessen			
	Zufriedenheit mit regionaler Umweltqualität							
Begegnung mit WEA	(1)	(2)	(3)	(4)	(1)	(2)	(3)	(4)
Täglich	0,00	4,86	21,7	2,86	0,28	2,26	21,8	5,93
mehrmals pro Woche	0,86	2,57	14,9	1,71	0,00	0,85	13,6	7,06
2 bis 3 mal in den letzten vier Wochen	0,29	4,00	15,1	2,86	0,28	1,69	15,5	3,11
1 mal in den letzten vier Wochen	0,57	1,14	10,9	1,71	0,00	1,69	9,32	2,54
überhaupt nicht	0,29	3,14	10,6	0,00	0,00	2,26	9,60	2,26

Anmerkung: (1) überhaupt nicht zufrieden, (2) nicht zufrieden, (3) zufrieden, (4) sehr zufrieden; aufgrund fehlender Werte wurden für Westsachsen 350 von 354 und für Nordhessen 354 von 355 Interviews ausgewertet.

Die Einstellung gegenüber der Nutzung der Windenergie wurde mit acht Items gemessen (Tabelle 6.5). Die Personen wurden gebeten, den Grad ihrer Zustimmung auf einer fünfstufigen Skala von „stimme überhaupt nicht zu" bis „stimme voll und ganz zu" auszudrücken. Die stärkste Zustimmung finden die beiden Aussagen „Durch die Windenergie werden wir unabhängiger von Energielieferungen aus dem Ausland" und „Entlang von Autobahnen, Eisenbahntrassen oder Hochspannungsleitungen stören mich Windenergieanlagen nicht." Bei der letzten Aussage gibt es einen signifikanten Unterschied zwischen beiden Regionen, das heißt, in Westsachsen wird dieser Aussage etwas stärker zugestimmt als in Nordhessen. Die Aussage mit der geringsten Zustimmung ist „Strom aus Windenergie trägt wenig zum Klimaschutz bei". Die befragten Personen sind demnach der Meinung, dass die Windenergie einen eher wichtigen Beitrag zum Klimaschutz leistet. Eine ähnlich geringe Zustimmung findet die Aussage „Windenergieanlagen machen das Landschaftsbild interessanter". Sie wird in Westsachsen etwas positiver beurteilt wird als in Nordhessen.

Tabelle 6.5: Einstellung gegenüber der Windenergie in beiden Regionen

Einstellungsitems		Westsachsen		Nordhessen	
		n	Ø (Sd.)	n	Ø (Sd.)
A	In Sichtweite von Windenergieanlagen zu wohnen würde mich nicht stören.	349	3,51 (1,29)	352	3,41 (1,37)
B	Durch die Windenergie werden wir unabhängiger von Energielieferungen aus dem Ausland.	349	3,86 (1,20)	352	4,09 (1,08)
C	Strom aus Windenergie trägt wenig zum Klimaschutz bei.	342	2,02 (1,13)	348	2,07 (1,14)
D	Windenergieanlagen machen das Landschaftsbild interessanter.	353	2,25 (1,06)*	355	2,02 (1,03)*
E	Da der Wind nicht immer weht, ist die Windenergie eine unsichere Energiequelle.	349	2,82 (1,10)	351	2,75 (1,23)
F	Grundstücke und Häuser verlieren in der Nähe von Windenergieanlagen an Wert.	328	3,39 (1,14)	342	3,50 (1,13)
G	Entlang von Autobahnen, Eisenbahntrassen oder Hochspannungsleitungen stören mich Windenergieanlagen nicht.	353	4,55 (0,93)*	354	4,35 (0,99)*
H	Die Windenergie ist die beste Quelle für erneuerbare Energie in Deutschland.	343	3,39 (1,08)	347	3,35 (1,10)
Summenwert Einstellung Windenergie		308	27,31 (5,39)	328	26,91 (5,24)
Cronbachs alpha			0,75		0,71

Anmerkung: Die Zustimmung zu den Aussagen wurde auf einer fünfstufigen Skala „stimme überhaupt nicht zu" (1) bis „stimme voll und ganz zu" (5) gemessen. * Die Mittelwerte unterscheiden sich signifikant zwischen beiden Regionen. Auf dem 5%-Niveau.

Tabelle 6.6 enthält die Ergebnisse einer latenten Klassenanalyse der Einstellungen zur Windenergie. Die latente Klassenanalyse hat zum Ziel, innerhalb einer Stichprobe möglichst homogene Untergruppen, hier hinsichtlich der Bewertung von Windenergie, zu identifizieren. Da sich die Summen der addierten Itemwerte für beide Regionen nicht signifikant voneinander unterscheiden, wird die Cluster-Analyse auf die gesamte Stichprobe angewendet. Das Modell weist die Befragten anhand ihrer Bewertungen der Aussagen zur Windenergie sowie ihrer Personenmerkmale Gruppen mit ähnlichen Einstellungen zu. In einer Auswahl von Modellen mit zwei bis sechs Gruppen zeigt das Modell mit drei Gruppen die beste statistische Anpassung. Die drei Gruppen lassen sich aufgrund der unterschiedlichen Bewertung, die die Befragten zum Ausdruck gebracht haben, unter die Label „moderate Windenergiebewertung" (mit 65% die größte Klasse), „Windenergiegegner" (19%) sowie „Befürworter" (16%) subsumieren.

Tabelle 6.6: Einstellung gegenüber der Windenergie –
Klassenanalyse (Mittelwerte je Item und Klasse)

Gruppe		1	2	3
Gruppengröße (%)		65	19	16
Gruppenlabel		Moderat	Kontra	Pro
A	In Sichtweite von Windenergieanlagen zu wohnen würde mich nicht stören.	3,57	2,14	4,65
B	Durch die Windenergie werden wir unabhängiger von Energielieferungen aus dem Ausland.	4,14	2,93	4,58
C	Strom aus Windenergie trägt wenig zum Klimaschutz bei.	1,91	3,10	1,26
D	Windenergieanlagen machen das Landschaftsbild interessanter.	2,21	1,19	3,00
E	Da der Wind nicht immer weht, ist die Windenergie eine unsichere Energiequelle.	2,64	3,74	2,18
F	Grundstücke und Häuser verlieren in der Nähe von Windenergieanlagen an Wert.	3,44	4,36	2,36
G	Entlang von Autobahnen, Eisenbahntrassen oder Hochspannungsleitungen stören mich Windenergieanlagen nicht.	4,53	3,75	4,94
H	Die Windenergie ist die beste Quelle für erneuerbare Energie in Deutschland.	3,51	2,27	4,13
	Geschlecht (1 = weiblich)	0,46	0,65	0,53
	Alter (Jahre)	45,7	54,8	48,1
Einfluss auf Cluster-Zugehörigkeit (p < 0,05)	Wohnen nahe WEA (1 = ja)	0,20	0,16	0,38
	WEA täglich gesehen	0,25	0,34	0,48
	Jahre am Wohnort	26,5	28,6	19,2
	Klimapolitik Bundesregierung zufrieden	3,14	4,10	3,00
	Spende Naturschutz (1 = ja)	0,29	0,18	0,41

Anmerkung: Die Zustimmung zu den Aussagen wurde auf einer fünfstufigen Skala „stimme überhaupt nicht zu" (1) bis „stimme voll und ganz zu" (5) gemessen; n = 708.

Die in den Tabellen 6.7 und 6.8 dargestellten Ergebnisse aus den CE beruhen auf den Auswahlentscheidungen für die fünf Choice Sets aus dem experimentellen Design. Die Anzahl der Beobachtungen (Choices) liegt für die Regionen Westsachsen bei 1765 (353 * 5) und für Nordhessen bei 1775 (355 * 5). Für die Schätzung des Einflusses einer Veränderung der Attributslevel auf die Wahrscheinlichkeit, eines der drei Programme A, B oder C zu wählen, wurden als Standardmodell das Multinominale Logit (MNL: auch als Conditional Logit bezeichnet) sowie das Error Component Logit (ECL) Modell verwendet. Im ECL-Modell sind einige einschränkende Annahmen des Standardmodells aufgehoben. So wird die Gültigkeit der IIA-Annahme (Independence of Irrelevant Alternatives) nicht mehr vorausgesetzt, und der Panelcharakter der Daten kann berücksichtigt werden, das heißt, dass jede Person mehrere Auswahlentscheidungen getroffen hat und diese nicht unabhängig voneinander sind (Greene 2007; Scarpa 2007).

Für beide Regionen zeigen sowohl die MNL-Modelle als auch die ECL-Modelle (Tabellen 6.7 und 6.8), dass die Attribute Größe der Windparks und Höhe der WEA keinen signifikanten Einfluss auf die Entscheidungen zwischen den Alternativen haben. Dagegen haben die Attribute „Rückgang des Rotmilanbestandes" und „Mindestabstand zum Ortsrand" einen signifikanten Einfluss. Ein stärkere Verringerung des Rotmilanbestandes gegenüber dem Programm A wirkt sich negativ auf die Auswahl eines Programms aus, umgehrt wirkt sich ein geringerer Rückgang positiv aus. Die Befragten wählen in beiden Regionen also eher Programme, die weniger negative Auswirkungen auf die Entwicklung des Rotmilanbestandes haben. Beim Mindestabstand zeigt sich, dass gegenüber Programm A mit einem gegebenen Mindestabstand von 750 m in beiden Regionen größere Mindestabstände bevorzugt werden. Im Unterschied zum MNL-Modell zeigt das ECL-Modell eine deutliche bessere Anpassung an die Daten, da die Nutzen der Programme B und C korrelieren ($EC_{ProBProC}$ ist in beiden Regionen signifikant) und die Auswahlentscheidungen über die fünf Choice Sets hinweg nicht unabhängig voneinander getroffen wurden (Panelstruktur der Daten). Dies äußert sich insbesondere in engeren Konfidenzintervallen der marginalen Zahlungsbereitschaften (mZB). Aus diesem Grund wird für die Ermittlung der volkswirtschaftlich optimalen Allokation der WEA die Zahlungsbereitschaft aus dem ECL-Modell verwendet.

Tabelle 6.7: EC Logit und marginale Zahlungsbereitschaft in € pro Monat (|t-Wert|) für Westsachsen

Attribute	MNL		ECL	
	Parameter (|t-value|)	mZB in € pro Monat	Parameter (|t-value|)	mZB in € pro Monat
ASC$_{ProA}$	0,683 (4,778)		0,862 (2,91)	
Wind Park: mittel	0,088 (1,525)	n,s.	0,093 (1,36)	n.s.
Wind Park: klein	-0,022 (0,384)	n.s.	-0,001 (0,01)	n.s.
Höhe: 110m	0,023 (0,414)	n.s.	0,064 (0,99)	n.s.
Höhe: 150m	-0,016 (0,297)	n.s.	-0,039 (0,63)	n.s.
Rotmilan: 5%	0,417 (7,453)	2,23 (1,02 / 3,44)	0,583 (9,82)	2,13 (1,21 / 3,05)
Rotmilan: 15%	-0,462 (7,534)	-3,03 (-4,50 / -1,55)	-0,639 (9,46)	-2,81 (-4,01 / -1,61)
Abstand: 1100m	0,142 (2,556)	3,18 (1,72 / 4,63)	0,120 (3,00)	3,18 (2,09 / 4,27)
Abstand: 1500m	0,248 (4,528)	3,81 (2,28 / 5,34)	0,388 (6,58)	3,94 (2,84 / 5,06)
Preis	-0,168 (7,109)		-0,247 (10,10)	
EC$_{ProBProC}$			-3,661 (11,66)	
(S)Log-L	-1742,13		-1371,83	
Pseudo R^2	0,03		0,29	

Anmerkung: Die 95% Konfidenzintervalle für die marginalen Zahlungsbereitschaften wurden nach der Methode von Krinsky und Robb (1986) berechnet.

Tabelle 6.8: EC Logit und marginale Zahlungsbereitschaft in € pro
Monat (|t-Wert|) für Nordhessen

Attribute	MNL		ECL	
	Parameter (|t-value|)	mZB in € pro Monat	Parameter (|t-value|)	mZB in € pro Monat
ASC_ProA	0,275 (2,04)		-0,31 (-1,06)	
Wind Park: mittel	0,057 (1,05)		0,06 (0,87)	
Wind Park: klein	0,028 (0,53)		0,047 (0,78)	
Höhe: 110m	-0,047 (0,90)		-0,029 (0,52)	
Höhe: 150m	0,035 (0,69)		0,014 (0,25)	
Rotmilan: 5%	0,416 (7,89)	2,66 (1,51 / 3,82)	0,539 (8,96)	2,68 (1,61 / 3,75)
Rotmilan: 15%	-0,372 (6,65)	-1,90 (-3,08 / -0,72)	-0,492 (7,68)	-2,03 (-3,15 / -0,90)
Abstand: 1100m	0,194 (3,77)	3,84 (2,43 / 5,24)	0,249 (4,11)	3,96 (2,84 / 5,06)
Abstand: 1500m	0,276 (5,41)	4,32 (2,88 / 5,76)	0,367 (6,74)	4,49 (3,41 / 5,58)
Preis	-0,173 (7,87)		-0,219 (9,09)	
EC_ProBProC			3,239 (11,86)	
(S)Log-L	-1849,24		-1533,91	
Pseudo R^2	0,05		0,21	

Anmerkung: Die 95% Konfidenzintervalle für die marginalen Zahlungsbereitschaften
wurden nach der Methode von Krinsky-Robb berechnet.

Die marginalen Zahlungsbereitschaften (mZB) pro Monat für eine Veränderung der Attributslevel gegenüber Programm A liegen für beide
Untersuchungsregionen in ähnlichen Größenordnungen, die 95%-Konfi-
denzintervalle überlappen sich zum Teil deutlich. In Westsachsen liegt
die marginale Zahlungsbereitschaft aus dem ECL-Modell für eine Verringerung des Rückgangs im Rotmilanbestand auf 5% bei 2,1 € (1,2 –
3,1 €), in Nordhessen bei 2,7 € (1,6 – 3,8 €) pro Monat. Umgehrt führt
der stärkere Rückgang in Westsachsen zu negativen Nutzen von -2,8 €

und in Nordhessen zu -2,0 €. In Westsachsen sind die Befragten für eine Erhöhung des Mindestabstandes der WEA von 750 m auf 1.100 m 3,2 € (2,1 – 4,3 €) und von 750 m auf 1.500 m 3,9 € (2,8 – 5,1 €) pro Monat zu zahlen bereit. Für Nordhessen ergeben sich folgende Werte: pro Monat 4,0 € (2,8 – 5,1 €) für eine Erhöhung auf 1.100 m und 4,5 € (3,4 – 5,6 €) für eine Erhöhung auf 1.500 m

6.4 Die externe Kostenfunktion K_e

Die in den Tabellen 6.7 und 6.8 aufgeführten marginalen Zahlungsbereitschaften werden zur Ermittlung einer externen Kostenfunktion herangezogen. Berücksichtigt werden die Zahlungsbereitschaften bezüglich des Verlusts an Rotmilanen (bezeichnet mit dem Buchstaben L) und des Mindestabstands der WEA zu Siedlungen (D), da diese einen signifikanten Einfluss auf die Auswahlentscheidungen haben (siehe oben):

- Zahlungsbereitschaft für eine Erhöhung von {$L = 10\%$ in den nächsten 20 Jahren} auf {$L = 15\%$ in den nächsten 20 Jahren},

- Zahlungsbereitschaft für eine Verminderung von {$L = 10\%$ in den nächsten 20 Jahren} auf {$L = 5\%$ in den nächsten 20 Jahren},

- Zahlungsbereitschaft für eine Erhöhung von {$D = 750$ m} auf {$D = 1.100$ m},

- Zahlungsbereitschaft für eine Erhöhung von {$D = 750$ m} auf {$D = 1.500$ m}.

Die Zahl der Haushalte beträgt in Westsachsen 500.000 und in Nordhessen 380.000. Die Zahlungsbereitschaften in Abschnitt 6.3 sind gemessen pro Person und Monat, so dass sie mit 12 mal der Zahl der Haushalte zu multiplizieren sind, um die jährliche Zahlungsbereitschaft für die gesamte Region zu erhalten. Um die Zahlungsbereitschaft für den Bewertungszeitraum von 20 Jahren zu erhalten, werden die jährlichen Zahlungsbereitschaften diskontiert und aufsummiert. Gewählt wurde, soweit nicht anders angegeben, eine jährliche Diskontrate von $r = 0,03$.[1]

---

[1] Zur Diskussion um das Für und Wider der Diskontierung und die Wahl der richtigen Diskontrate siehe unter anderem Hanley und Barbier (2009). Sie sprechen sich für die Verwendung einer positiven Diskontrate aus und plädieren für die Durch-

Die externen Kosten K_e sind damit eine Funktion der Variablem L und D und setzen sich additiv zusammen aus den Kosten K_L, die die Gesellschaft dem Verlust an Rotmilanen zumisst, und den Kosten K_D, die sie dem Abstand der WEA zu Siedlungen zumisst. Erstere ist eine Funktion von L (mathematisch ausgedrückt: $K_L(L)$), letztere eine Funktion von D (mathematisch: $K_D(D)$). Unter Berücksichtigung, dass die Kosten mit der jährlichen Rate r diskontiert werden, ergibt sich für K_e also:

$$K_e(L,D) = K_L(L) + K_D(D) \qquad (6.1)$$

wobei angenommen wird, dass die Kosten K_L und K_D jeweils in nichtlinearer Form von den Variablen L bzw. D abhängen, und folgende funktionale Form gewählt wird:

$$K_L(L) = \frac{a}{A-L} \sum_{t=1}^{20} 1/(1+r)^t \quad \text{und.} \quad K_D(D) = \frac{b}{B-D} \sum_{t=1}^{20} 1/(1+r)^t \quad (6.2)$$

Die Konstanten a, A, b und B werden über die oben genannten Zahlungsbereitschaften gefittet.[1] Dabei wird unterstellt, dass die geforderte finanzielle Kompensation für eine Verschlechterung der Umwelt von einem Zustand X nach einem Zustand Y (engl.: willingness-to-accept) gleich der Zahlungsbereitschaft für eine Verbesserung des Umweltzustands von Y nach X (engl.: willingness-to-pay) ist. Wenn zum Beispiel die Zahlungsbereitschaft für eine Erhöhung von $D = 750$ auf $D = 1.100$ m 3,2 € pro Person und Monat beträgt, verursacht eine Verminderung von $D = 1.100$ auf 750 m externe Kosten von 3,2 € pro Person und Monat. Als Ergebnis dieser Prozedur zeigt Abbildung 6.1 die externen Kosten als Funktion der beiden Attribute L und D. Man sieht, dass die externen Kosten mit zunehmendem Rotmilanverlust L und abnehmenden Mindestabstand D steigen.

---

führung von Sensitivitätsanalysen (siehe auch Boardman et al. 2006 oder Hampicke 1992 und Abschnitt 13 in diesem Buch). Die Höhe der Diskontrate lehnt sich an die Methodenkonvention zur Bewertung von Umweltschäden (UBA 2007) an. Dort wird für Bewertungen, die Zeiträume bis zu 20 Jahren umfassen, eine Rate von 3 Prozent festgelegt.

[1] Jede der vier Zahlungsbereitschaften fließt dabei jeweils in eine von vier Gleichungen ein, welche die vier „Unbekannten" a, A, b und B eindeutig bestimmen.

Abbildung 6.1: Externe Kosten als Funktion des Rotmilan-Verlusts L und des Mindestabstands zu Siedlungen D. a: Werstsachsen; b: Nordhessen

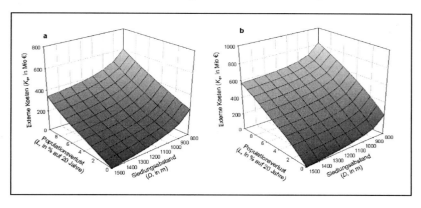

6.5 Zusammenfassung

Die Ergebnisse aus der Umfrage zeigen, dass WEA in der Nähe des Wohnhauses oder der Wohnung von einem großen Teil der befragten Personen nicht als störend empfunden werden. Zudem wirken sich WEA nicht signifikant negativ auf die Bewertung der regionalen Umweltqualität aus. Die erhobenen Einstellungen spiegeln in beiden Regionen eine eher positive Bewertung der Windenergie wider. So wird sie zum Beispiel als eine wichtige Maßnahme zum Klimaschutz gesehen. Allerdings wird die Windenergie in der Bevölkerung unterschiedlich bewertet, und es können drei Gruppen ausgemacht werden, deren Einstellung gegenüber der Windenergie sich voneinander unterscheidet (Befürworter, Moderate, Gegner). Die Ergebnisse aus den CE – ohne Berücksichtigung von Heterogenität der Präferenzen – zeigen, dass die Auswirkungen auf die Rotmilanbestände und der Mindestabstand zu Ortschaften einen signifikanten Einfluss auf die Auswahl eines Programms zur Windenergienutzung haben. Dabei werden Verringerungen der negativen Auswirkungen auf den Rotmilan positiv bewertet ebenso wie die Erhöhung des Mindestabstandes gegenüber Programm A mit 750 m Abstand. Die Größe der Windparks und die maximale Höhe der WEA haben in diesen Modellen keinen Einfluss auf die Auswahl eines Programms.

7 Analyse methodischer Aspekte der Choice Experimente und Ergebnisse der Online-Umfrage

Jürgen Meyerhoff

Neben der Bewertung der externen Effekte der Windenergie wurden im FlächEn-Projekt auch methodische Aspekte der Choice Experimente (CE) untersucht. Dazu gehören in erster Linie die Berücksichtigung heterogener Präferenzen mittels der Latent-Class Analyse, die Untersuchung der Auswirkungen einer Nichtberücksichtigung von Attributen auf die Wohlfahrtsmaße und die zeitliche Stabilität der getroffenen Auswahlentscheidungen. Darüber hinaus wurde eine bundesweite, jedoch nicht repräsentative, Online-Umfrage durchgeführt, in der ähnliche Choice Sets wie in den beiden Untersuchungsregionen verwendet wurden. Im Folgenden werden die Ergebnisse aus diesen Arbeiten kurz dargestellt und auf weiterführende Literatur verwiesen.

7.1 Methodische Aspekte der Choice Experimente

Präferenzheterogenität und Nähe zu WEA: Entsprechende Analysen zeigen, dass Heterogenität unter den Befragten hinsichtlich ihrer Präferenzen für die Ausgestaltung der Windenergie vorliegt. Wird Heterogenität in den Modellen berücksichtigt, dann zeigen sich auch signifikante Einflüsse des Attributes „Größe der Windparks" auf die Auswahlentscheidungen. Das verwendete Latent-Class Modell (Swait 2007; Temme 2007) zeigt gegenüber dem MNL-Modell eine deutlich bessere Anpassung an die Daten (Die Ergebnisse sind dargestellt in Meyerhoff et al. 2010.). Über die Regionen hinweg ergeben sich drei Gruppen, die sich hinsichtlich ihrer Präferenzen für die Windenergienutzung unterscheiden.

Sie wurden mit folgenden Labeln charakterisiert: *Befürworter der Windenergie*: In dieser Gruppe sind Personen vertreten, die aus der Umsetzung des Programms A nur wenige negative Externalitäten erfahren würden. *Gegner der Windenergie*: Hier sind Personen zu finden, die umfangreiche negative Externalitäten aus Programm A erfahren würden und dementsprechend häufiger Programm B oder C gewählt haben. Die dritte Gruppe kann mit dem Label *Moderat* versehen werden, da die Personen in dieser Klasse auch negative Externalitäten aus der Umsetzung von Programm A erfahren würden, diese aber geringer sind als in der Gruppe der Windenergiegegner. Über die Regionen hinweg sind jedoch die Größen der Klassen unterschiedlich. So ist in Westsachsen die Gruppe der Befürworter mit 40% am Größten, während in Nordhessen mit 44% die größte Gruppe diejenige der Gegner ist.

Werden die Gruppen mit eher homogenen Präferenzen in die Landschaft übertragen, das heißt, die Interviewstandorte entsprechend der Gruppenzugehörigkeit markiert (siehe Abbildung 7.1 für Westsachen) und in Beziehung zu den Standorten der WEA gesetzt, dann zeigt sich, dass die Distanz zwischen Wohnort und WEA-Standort keinen Einfluss auf die Gruppenzugehörigkeit hat. Personen, die der Gruppe der Gegner angehören, wohnen im Mittel gleich weit entfernt von WEA wie Personen, die der Gruppe der Befürworter angehören. Somit scheint die Distanz zu WEA keinen Einfluss auf die in der Umfrage geäußerten Präferenzen zu haben.

Nichtberücksichtigung von Choice Attributen: Ein Thema in der Forschung zu CE ist, ob die befragten Personen alle im Choice Set präsentierten Attribute bei ihren Auswahlentscheidungen berücksichtigen. Ist dies nicht der Fall, dann ist fraglich, ob die Entscheidungen derjenigen, die nicht alle Attribute berücksichtigt haben, für die Berechnung der Zahlungsbereitschaften herangezogen werden dürfen bzw. wie sich die Nichtbeachtung der Attribute auf die Zahlungsbereitschaft auswirkt. Bisherige Arbeiten zeigen, dass ein bedeutender Anteil der befragten Personen nicht alle Attribute für die Entscheidung berücksichtigt (z.b. Campbell et al. 2008; für einen Literaturüberblick siehe Hoyos et al. 2010). In der Regel werden die befragten Personen nach der Präsentation der Choice Sets direkt befragt, ob sie alle Attribute beachtet haben. Wenn dies verneint wurde, wird gefragt, welche Attribute nicht berücksichtigt wurden. Hensher (2007) weist jedoch darauf hin, dass die Nichtbeachtung von Attributen vom Choice Set abhängig sein kann, d.h. abhängig von den Ausprägungen der anderen Attribute des jeweiligen Choice Sets ist. Ob dies der Fall ist, lässt sich jedoch mit einer Frage nach Beantwortung aller Choice Sets nicht oder nur bedingt feststellen.

Abbildung 7.1: Zusammenhang zwischen Gruppen mit ähnlichen Präferenzen und WEA-Standorten in Westsachsen

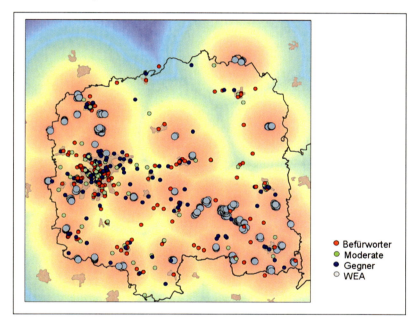

Karte: Jana Hoymann

Die Teilnehmer der Umfrage wurden nach jedem Choice Set gefragt, ob „alle Attribute bei der Entscheidung eine Rolle gespielt haben". Wenn diese Frage verneint wurde, wurde gefragt, welche Attribute aus dem vorhergehenden Choice Set nicht berücksichtigt wurden. Anschließend wurde die Auswahlentscheidung für das nächste Choice Set abgefragt. Die Ergebnisse zeigen für Westsachsen (siehe Meyerhoff/Liebe 2009),

dass 50% der befragten Personen alle Attribute bei allen Auswahlentscheidungen beachtet haben, dass 42% von Choice Set zu Choice Set
andere Attribute nicht beachtet haben, und dass lediglich 8% auf allen
fünf Choice Sets dieselben Attribute nicht beachtet haben. Dies zeigt,
dass die Beachtung von Attributen für eine Teilgruppe der Befragten tatsächlich vom Choice Set abhängig ist. Hinsichtlich der marginalen Zahlungsbereitschaft konnte zwischen dem Modell mit der Annahme der
vollständigen Beachtung aller Attribute und dem Modell, in dem die
Nichtbeachtung der Attribute mit Dummyvariablen angezeigt wird, in der
vorliegenden Untersuchung kein signifikanter Unterschied festgestellt
werden. Damit stehen die Ergebnisse im Kontrast zu einer größeren Anzahl von Studien, die einen signifikanten Unterschied in den marginalen
Zahlungsbereitschaften zwischen Modellen mit und ohne Berücksichtigung der Nichtbeachtung von Attributen festgestellt haben.

Reliabilität von Choice Experimenten – Nachbefragung in Nordhessen: Ein weiteres Thema für die Forschung ist, ob die in Umfragen geäußerten Präferenzen im zeitlichen Ablauf stabil sind. Zur Untersuchung
dieser Frage wurde im Projekt eine Nachbefragung in Nordhessen rund
zwölf Monate nach der Hauptbefragung durchgeführt. In der Hauptbefragung wurden alle Personen gefragt, ob sie im Zusammenhang mit der
Befragung zu einem späteren Zeitpunkt noch einmal angesprochen werden dürfen. In beiden Regionen wurde diese Frage von 96% der Befragten bejaht. Aus der Gruppe von Personen, die positiv auf die Nachfrage
nach einem weiteren Kontakt geantwortet haben, wurde mit 172 Personen die Nachbefragung in Nordhessen durchgeführt. Diesen Personen
wurden dieselben Choice Sets präsentiert wie in der Hauptbefragung. Zusätzlich wurde unter anderem gefragt, ob die Person sich in der Zwi-
schenzeit mit dem Thema Windenergie befasst hat und in wie weit sie
sich durch die Finanzkrise betroffen fühlt.

Die Ergebnisse (siehe Liebe et al. 2010) zeigen, dass sich die Teilnehmer der Nachbefragung hinsichtlich ihres Geschlechts, Alters und
Einkommens von denjenigen Personen unterscheiden, die nicht zu einer
Teilnahme bereit waren. Andere Merkmale wie WEA in der Nähe der
Wohnung oder Begegnung mit WEA in den vier Wochen vor dem Interview zeigen dagegen keine signifikanten Unterschiede zwischen den beiden Gruppen. Im Hinblick auf die Reliabilität der Entscheidungen zeigt
sich, dass auf aggregierter Ebene 59% der Auswahlentscheidungen über-
einstimmen (das Zusammenhangsmaß Cramér's V liegt bei 0,38). Wird

jede Person individuell betrachtet, dann zeigt sich, dass 6% der 172 Teilnehmer nicht bei einer einzigen der fünf Auswahlentscheidungen dieselbe Alternative im Test und im Retest gewählt haben, während auf der anderen Seite 20% in beiden Umfragen immer dieselbe Alternative ausgewählt haben. Den größten Anteil hat mit 21% die Gruppe von Personen, die bei drei Auswahlentscheidungen dasselbe Programm gewählt hat. Dies deutet auf eine befriedigende Reliabilität (*fair reliability*) hin.

Für den Einfluss der Attributslevel auf die Auswahlentscheidungen ergibt sich sowohl im Test als auch im Retest, dass die Attribute „Rückgang des Rotmilanbestandes" und „Mindestabstand zum Ortsrand" einen signifikanten Einfluss auf die Auswahl der Alternativen haben. Beide zeigen dasselbe Vorzeichen wie in der Hauptuntersuchung. Allerdings haben auch der Übergang von großen auf mittlere Windparks sowie der von hohen auf kleine WEA einen signifikanten Einfluss auf die Programmauswahl im Retest. Zudem haben sich auch die marginalen Zahlungsbereitschaften für das Attribut Mindestabstand zum Ortsrand signifikant verändert. Sowohl für eine Erhöhung des Abstandes von 750m auf 1.100m als auch für eine Erhöhung von 750m auf 1.500m hat sich die marginale Zahlungsbereitschaft verringert. Diese Ergebnisse lassen vermuten, dass zumindest ein Teil der Teilnehmer die Windenergienutzung in der Region Nordhessen anders bewertet als zum Zeitpunkt der Hauptbefragung. Jedoch zeigen die erhobenen personenspezifischen Merkmale wie Belastung durch Finanzkrise oder Beschäftigung mit dem Thema Windenergie nach der Umfrage keinen signifikanten Einfluss auf die Auswahlentscheidungen, so dass mit den vorliegenden Daten nicht erklärt werden kann, warum die Windenergienutzung im Retest anders bewertet wird.

Verglichen mit bisherigen Untersuchungen zur Reliabilität der Kontingenten Bewertung zeigt die durchgeführte Untersuchung keine auffällig abweichenden Ergebnisse hinsichtlich der Reliabilität für das CE. Dies ist insofern interessant, als CE generell als die Methode mit den größeren kognitiven Anforderungen an die befragten Personen angesehen wird und daher eine geringere Reliabilität plausibel wäre. Das Ergebnis ist jedoch nicht generalisierbar, da es sich um die erste Studie zur Reliabilität von CE im Bereich der Umweltbewertung handelt.

7.2 Ergebnisse der Online-Umfrage

Im Sommer 2008 wurde zusätzlich zu den Umfragen in Westsachsen und Nordhessen eine bundesweite Online-Umfrage durchgeführt. In dieser Umfrage wurden dieselben Choice Sets verwendet wie in den regionalen Umfragen (siehe Meyerhoff et al. 2008).[1] Insgesamt konnten rund 1.998 auswertbare Interviews erzielt werden. Allerdings können die Ergebnisse nicht für Deutschland verallgemeinert werden, da aufgrund der Selbstauswahl der Teilnehmerinnen und Teilnehmer keine repräsentative Stichprobe erzielt wurde. Vergleiche mit anderen Studien zum Beispiel hinsichtlich der Einstellungen gegenüber der Windenergie zeigen, dass die Stichprobe leicht in Richtung von Befürwortern der Windenergie tendiert.

Die Ergebnisse deuten an, dass die Konflikte mit der Windenergie im Wohnumfeld nicht sehr stark sind. Lediglich 14% derjenigen, die in der Nähe von WEA wohnen, geben an, dass sie sich durch die Anlagen in einer Entfernung bis zu drei Kilometern von ihren Wohnungen oder Häusern „ziemlich gestört" oder „sehr gestört" fühlen. Dies entspricht etwa 4% der ausgewerteten Stichprobe. Angesichts der Tatsache, dass die Umfrage frei zugänglich war, ist der geringe Anteil von Teilnehmern, die sich gestört fühlen, erstaunlich, da die Umfrage eine Möglichkeit bot, negative Bewertungen zum Ausdruck zu bringen. Zumal die Umfrage auch auf Internetseiten bekannt gemacht wurde, die von „Gegnern" der Windenergie betrieben werden.

Die Ergebnisse des CE basierend auf dem MNL-Modell zeigen, dass WEA mit einer Gesamthöhe von 200m im Mittel nicht als negativ bewertet werden. Tendenziell wird eher der Übergang auf kleinere WEA als negativ bewertet. Für die Windparkgröße zeigt sich, dass der Übergang von großen auf mittlere Parks positiv bewertet wird, nicht aber der von großen auf kleine Parks. Weiterhin wird eine Verringerung der Auswirkungen auf die lokale Natur als positiv bewertet. Für diese Veränderung ergibt sich eine marginale Zahlungsbereitschaft in Höhe von etwas über 5 € pro Monat. Umgekehrt werden stärkere Auswirkungen auf die lokale Natur als negativ bewertet. Schließlich zeigt sich für den Mindestabstand, dass eine Erhöhung von 750m auf 1.100m als positiv bewertet

---

[1] Gegenüber dem Attribut „Rückgang des Rotmilanbestandes" wurde in der Online-Umfrage das Attribut „Lokale Auswirkungen auf Natur" verwendet.

wird und dieser Übergang auch statistisch signifikant ist. Dies trifft jedoch nicht so eindeutig für den Übergang auf 1.500m zu. Der Mindestabstand war für 78% der befragten Personen für die Wahl eines Programms wichtig.

Ein Indikator dafür, dass in der Online-Umfrage zumindest das gesamte Spektrum an Meinungen erfasst wurde, sind die Anmerkungen und Bewertungen, die rund ein Drittel der Teilnehmerinnen und Teilnehmer am Ende der Umfrage gemacht haben. Sie reichen von einer sehr eindeutigen Unterstützung der Windenergie bis hin zu einer kompletten Ablehnung. Viele Personen aber wägen die Vor- und Nachteile explizit ab und scheinen die Windenergie als kleineres Übel verglichen mit Auswirkungen anderer Energieträger und den möglichen Folgen des Klimawandels zu sehen.

Was hält Stromkunden davon ab, zu Ökostromanbietern zu wechseln?
Im Rahmen der Online-Befragung wurde auch das Wechselverhalten von Stromkunden ermittelt. Die Gründe für einen bisher nicht erfolgten Wechsel zu Anbietern von Ökostrom wurden mit standardisierten Antwortvorgaben und einer offenen Antwortoption erfragt. Die Ergebnisse aus diesem Teil der Umfrage zeigen (siehe Rommel/Meyerhoff 2009), dass unter anderem die Bewertung der Klimaschutzpolitik der Bundesregierung einen signifikanten Einfluss auf den Bezug von Ökostrom hat. Befragte, die diese Politik für überzogen halten, beziehen mit einer geringeren Wahrscheinlichkeit Ökostrom. Die Auswertung des Wechselverhaltens zeigt, dass über die Hälfte der Befragten Ökostrom nicht prinzipiell ablehnt, sondern Vorbehalte gegenüber Ökostrom vielmehr Ausdruck von unzureichenden Produktinformationen und mangelnder Wechselmotivation sind. Da die Stichprobe nicht repräsentativ für Deutschland ist, können die Ergebnisse nicht verallgemeinert werden, deutlich wird aber dennoch, dass das Marktpotenzial von Ökostrom bislang offenbar nicht vollständig ausgeschöpft wird. Für Betreiber von Anlagen zur Erzeugung von Ökostrom und für die Vermarktung von Ökostrom-Labels ist die Identifizierung dieser Wechselhemmnisse von Bedeutung, da ein hoher Anteil der Wechselhemmnisse durch geeignete Marketingmaßnahmen beseitigt werden könnte.

7.3 Zusammenfassung

Die weiterführenden Untersuchungen zu den CE zeigen, dass die Ausgestaltung der Windenergienutzung unterschiedlich bewertet wird. In der latenten Klassenanalyse zeigen sich drei Gruppen mit jeweils ähnlichen Präferenzen, die verschiedene Grade an Externalitäten zum Ausdruck bringen: Befürworter der Windenergienutzung (geringe Externalitäten), Gegner der Windenergie (starke Externalitäten) sowie moderat betroffene Personen. Auch wird die Größe der Windparks in diesen Gruppen unterschiedlich bewertet. Wird die Zugehörigkeit der befragten Personen zu einer dieser Gruppen in die Landschaft übertragen, dann ist kein Zusammenhang zwischen der Distanz von der Wohnung zur WEA und der Zugehörigkeit zu einer der drei Gruppen festzustellen. Hinsichtlich der Nichtbeachtung von Choice Attributen zeigt sich, das ein signifikanter Teil der befragten Personen nicht alle Attribute bei ihrer Auswahlentscheidung berücksichtigt, dies jedoch im Mittel nicht zu anderen marginalen Zahlungsbereitschaften führt. Die Reliabilität der CE kann als befriedigend bezeichnet werden und liegt in einer ähnlichen Größenordnung wie vergleichbare Studien zur Kontingenten Bewertung.

Die Ergebnisse der bundesweiten, jedoch nicht repräsentativen Online-Umfrage deuten an, dass Konflikte mit der Windenergie im Wohnumfeld nicht sehr stark sind. Ferner werden, ähnlich wie in den regionalen Umfragen, Auswirkungen auf Natur negativ bewertet und größere Mindestabstände führen zu einer positiven Zahlungsbereitschaft. Hohe Anlagen werden dagegen nicht generell als negativ bewertet. Hinsichtlich des Bezugs von Ökostrom zeigt sich, dass viele Befragte zu dem Zeitpunkt der Umfrage noch nicht gewechselt hatten, da sie sich unter anderem unzureichend informiert fühlten. Hier bieten sich Ansatzpunkte für entsprechende Marketingmaßnahmen.

Kapitel IV

Die Angebotsfunktion

8 Ermittlung des potenziellen Eignungsraumes für die Windenergienutzung unter physischen und rechtlichen Gesichtspunkten

Marcus Eichhorn und Jana Bovet

WEA dienen der Umwandlung der kinetischen Energie des Windes in elektrische Energie. So wie Wasserkraftanlagen ausschließlich an Gewässern betrieben werden können, ist auch die Errichtung von Onshore-WEA an bestimmte landschaftliche aber auch rechtliche Voraussetzungen gebunden. Somit muss eine Auswahl geeigneter Flächen unter Berücksichtigung der relevanten Kriterien in den jeweiligen Untersuchungsregionen erfolgen. Zu Beginn werden im Abschnitt 8.1 die verwendeten *Daten* und die untersuchten WEA-Typen vorgestellt. Daran schließt sich die *Analyse der physischen Eignung* (Abschnitt 8.2) an, durch welche diejenigen Landnutzungstypen identifiziert werde, die aufgrund der vorherrschenden Landnutzung für die Errichtung von WEA geeignet sind. Im Rahmen der sich anschließenden *Analyse der Rechtlichen Eignung* (Abschnitt 8.3) werden die zuvor identifizierten Flächen hinsichtlich rechtlicher Beschränkungen überprüft. Dazu werden die geltenden Restriktionskriterien benannt und angewendet, wodurch die physische geeignete Fläche noch einmal reduziert wird. Die verbleibenden Flächen werden im Weiteren als Eignungsraum bezeichnet. Innerhalb dieses Eignungsraums werden abschließend in Abschnitt 8.4 konkrete Standorte für die jeweiligen WEA-Typen ermittelt, die als Basis für die weiteren Analysen dienen.

8.1 Datengrundlage

Geodaten. Die Datengrundlage für die Folgenden Analysen stellen die Landnutzungs-/Landbedeckungsdaten des Amtlichen Topographisch-Kartographischen Informationssystems (ATKIS) für Westsachsen und Nordhessen dar. Die Daten wurden für Westsachsen vom Sächsischen Landesamt für Umwelt, Landwirtschaft und Geologie (LfULG) und für Nordhessen von der Hessischen Verwaltung für Bodenmanagement und Geoinformation bereitgestellt. Die weitere Verarbeitung der Daten erfolgte unter Einsatz eines Geoinformationssystems (GIS).

Windenergieanlagen. Sowohl für die Abfrage der Zahlungsbereitschaft für bestimmte Ausprägungen der Windenergiegewinnung (vgl. Abschnitte 6 und 7) als auch bei der Modellierung der Kosten und externen Effekte der Windenergieproduktion (Abschnitte 9-11) wird Bezug auf Referenzwindenergieanlagen genommen (vgl. Tabelle 8.1). Diese wurden bezüglich ihrer Kenndaten so ausgewählt, dass sie zum einen den heutigen Stand der Technik sowie auch zukünftige Entwicklungen abbilden und zum anderen einen weiten Bereich an möglichen Ausprägungen der Windenergienutzung in der Landschaft abdecken.

Tabelle 8.1: Technische Parameter der Referenzwindenergieanlagen

WEA-Typ	Nennleistung	Nabenhöhe	Rotordurch-messer	Gesamthöhe
I	2 MW	78 m	82 m	119 m
II	3 MW	105 m	90 m	150 m
III	6 MW	134 m	126 m	197 m

8.2 Analyse der physischen Eignung.

Die Auswahl physisch geeigneter Flächen erfolgte ausgehend von der jeweiligen Gesamtfläche der Untersuchungsregion, das heißt in Westsachsen ca. 440.000 ha (siehe Abbildung 5.1) und in Nordhessen ca. 478.600 ha (vgl. Abbildung 5.2). Da sich für die Errichtung von WEA vorwiegend Offenlandflächen eignen, die aufgrund ihrer geringeren Rauhigkeit höhere Windgeschwindigkeiten ermöglichen (Wizelius 2008), wurden mit Hilfe des GIS fünf Landnutzungstypen extrahiert, die grundsätzlich den geforderten Eigenschaften entsprechen und in Tabelle 8.2 aufgeführt sind. Alle übrigen Landnutzungs- bzw. Landbedeckungsarten sind von einer weiteren Prüfung ausgeschlossen.

Tabelle 8.2: Potenziell für Windenergiegewinnung geeignete Landnutzungsarten

Objektart-Nr. im ATKIS	Landnutzungsart
2302	Halde, Aufschüttung
4101	Ackerland
4102	Grünland
4104	Heide
4120	Vegetationslose Fläche

In Westsachsen ergeben sich auf diese Weise insgesamt ca. 293.000 ha (siehe Abbildung 8.1a) und in Nordhessen ca. 230.000 ha (siehe Abbildung 8.1b) physisch geeigneter Flächen (im Wesentlichen die Acker- und Grünlandflächen in den Abbildungen 5.1 und 5.2). Jedoch sind die so identifizierten Flächen nicht uneingeschränkt nutzbar. Weitere Restriktionen für die Standortwahl ergeben sich aus rechtlichen Gesichtspunkten. Im folgenden Unterabschnitt werden einzelne rechtlich relevante Restriktionskriterien beschrieben und angewendet.

8.3 Analyse der rechtlichen Eignung

Die Auswahl der rechtlichen Restriktionskriterien erfolgte zum einen anhand ihrer Relevanz (Flächenumfang, Ausschließlichkeit) und zum anderen anhand der Datenverfügbarkeit (z.B. Zugang zu Flächennutzungs- und Bebauungsplänen). Der gewählte Ansatz ist aber grundsätzlich offen für das Einpflegen weiterer Kriterien.

Abbildung 8.1: Physisch (Tafeln a und b) bzw. physisch und rechtlich (Tafeln c und d) geeignete Flächen für die Windenergiegewinnung in Westsachsen (Tafeln a und c) und Nordhessen (Tafeln b und d)

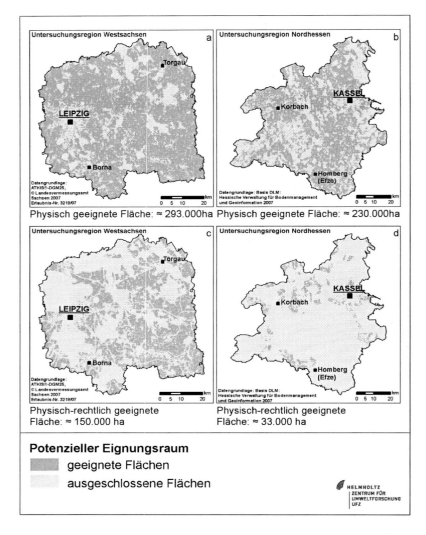

Eine ausführliche Darstellung rechtlicher Restriktionskriterien gibt Abschnitt 4. Die untersuchten rechtlichen Restriktionskriterien lassen sich in drei Gruppen unterteilen.

1. Rechtliche Restriktionskriterien betreffend Natur- und Wasserschutz,

2. Rechtliche Restriktionskriterien betreffend Infrastruktur,

3. Rechtliche Restriktionskriterien den Gesundheitsschutz von Menschen betreffend.

(1) Bezüglich der Restriktionskriterien den Natur- und Wasserschutz betreffend wurde Bezug auf Untersuchungen des Bundesamtes für Naturschutz (BfN 2007, 61ff.) genommen. Obwohl sich die dort getroffenen Aussagen zur Windenergie primär auf das Repowering beziehen, lassen sich die Kriterien auch für die erstmalige Errichtung von WEA anwenden. Anwendung fanden hauptsächlich die Restriktionen bezüglich der Schutzgebiete (Kasten 8.1), da insbesondere Daten zu „planungsrechtlichen Festlegungen" bzw. „besonderen räumlichen Qualitäten / Empfindlichkeiten" nicht oder nur begrenzt vorlagen. Die entsprechenden Gebiete wurden aus dem Bestand der physisch geeigneten Flächen entfernt.

(2) Die physisch geeigneten Flächen sind darüber hinaus von unterschiedlichen Verkehrs- und Versorgungsinfrastruktureinrichtungen wie Fernstraßen, Eisenbahnlinien und Hochspannungsleitungen durchzogen. Die betreffenden Flächen selbst wurden zwar bereits ausgeschlossen (vgl. Abschnitt 8.2), jedoch sind darüber hinaus zu diesen Infrastrukturen spezifische Abstände bei der Errichtung von WEA einzuhalten (vgl. Tabelle 8.3). Auch diese Pufferflächen wurden aus den physisch geeigneten Flächen herausgenommen, was die Fläche in Westsachsen auf 150.000 ha und in Nordhessen auf 33.000 ha reduziert. Die Abbildungen 8.1c und 8.1d verdeutlichen, dass in Nordhessen mehr Flächen „verloren gehen" als in Westsachsen.

(3) Ein weiterer wesentlicher Aspekt ist der Schutz der Gesundheit von Menschen, die in der Nähe zu WEA lebenden. Als negative Auswirkungen durch den Betrieb von WEA sind im Wesentlichen die Schall-, Schatten- und Lichtemissionen zu nennen.

Eine grundsätzliche Methode um Immissionen zu vermeiden, stellt die Etablierung von Sicherheitsabständen zwischen Emittenten und Immissionsort dar. Dies gilt prinzipiell für Licht-, insbesondere aber für Schatten- und Schallemissionen.

Kasten 8.1: Ausschlusskriterien für die Errichtung von WEA

Naturschutz:

- Naturschutzgebiete (§ 23 BNatSchG)
- Nationalparke (§ 24 BNatSchG)
- Biosphärenreservate in Kernzonen (§ 25 BNatSchG)
- Landschaftsschutzgebiete ohne Vorbelastung (§ 26 BNatSchG)[1]
- NSG-Anteile und LSG-Anteile ohne Vorbelastung in Naturparken (§ 27 BNatSchG)
- Naturdenkmale, geschützte Landschaftsbestandteile, gesetzlich geschützte Biotope (§ 28, 29, 30 BNatSchG)
- Gebiete von gemeinschaftlicher Bedeutung bei möglicher Beeinträchtigung der durch die Schutzziele erfassten Arten und Lebensräume
- Europäische Vogelschutzgebiete (§ 32 BNatSchG)
- Flächen des Biotopverbundes (Kern- und Verbindungsflächen, Verbindungselemente), sofern dabei relevante Zielarten und Verbundziele betroffen sind (§ 3 BNatSchG)
- Historische Kulturlandschaften oder Kulturlandschaftsteile, auch zum Schutz der Umgebung von Kultur-, Bau- und Bodendenkmälern (§ 2 Abs. 1 Nr. 14 BNatSchG)

Wasserwirtschaft:
- Überschwemmungsgebiete (§ 31b WHG)
- Trinkwasserschutzgebiete I und II (§ 19 WHG)

Denkmalschutz (Landesregelungen):
- Bodendenkmäler (auch verankert in § 2 (1) Nr. 14 BNatSchG)

Lichtemmisionen. WEA ab 100 m Gesamthöhe, das heißt auch die modellierten WEA-Typen, sind mit einer Befeuerung auszurüsten. Für die hiervon ausgehenden Lichtemissionen gibt es jedoch keine verlässlichen Grenzwerte oder anderweitige Regelungen, welche die Ermittlung eines

---

[1] Landschaftsschutzgebiete wurden nicht ausgeschlossen, da eine Ermittlung des Grades der Vorbelastung im Rahmen der Studie nicht möglich war.

Mindestabstands ermöglichen. Eine Studie der Martin-Luther-Universität Halle-Wittenberg[1] konnte aber belegen, dass die Belästigung durch die Gefahrenkennzeichnung von WEA nicht immissionsschutzrechtlich relevant ist, und mit einfachen technischen Maßnahmen auf ein akzeptables Maß zu reduzieren ist.

Tabelle 8.3: Pufferdistanzen zu Verkehrs- und Versorgungsinfrastruktureinrichtungen

Infrastrukturtyp	Pufferdistanz	Rechtlich relevantes Instrumentarium
Bundesautobahn	40 m	§ 9 Bundesfernstraßengesetz BFernStrG
Bundesfernstraße	20 m	§ 9 Bundesfernstraßengesetz BFernStrG
Landes-/Staatsstraßen	20 m	§ 24 Sächsisches Straßengesetz SächsStrG
		§ 23 Hessisches Straßengesetz HessStrG
Eisenbahnlinie	250 m	§ 3 Eisenbahngesetz
Hochspannungsleitung	3 Rotordurchmesser	VDEW-Vorschrift von 1998 (M-35/98)

Schattenwurf. Bezüglich des Schattenwurfs empfiehlt die Leitlinie des Ministeriums für Landwirtschaft, Umweltschutz und Raumordnung des Landes Brandenburg zur Ermittlung und Beurteilung der optischen Immissionen von WEA (WEA-Schattenwurf-Leitlinie), dass die Schatteneinwirkung nicht länger als 30 Minuten pro Tag und 30 Stunden bzw.

[1] „Akzeptanz und Umweltverträglichkeit der Hinderniskennzeichnung von Windenergieanlagen: Forschungsergebnisse und Handlungsempfehlungen" – Forschungsprojekt gefördert vom Bundesministerium für Umwelt, Naturschutz und Reaktorsicherheit (BMU) aufgrund eines Beschlusses des Deutschen Bundestages und vom Landesamt für Landwirtschaft, Umwelt und ländliche Räume Schleswig-Holstein (LLUR Schleswig).

8 Stunden pro Jahr[1] betragen darf. Derartige Berechnungen können nur standortbezogen hinsichtlich des potenziellen Immissionsorts durchgeführt werden[2].

Schallemissionen. Die zu erwartenden Schallemissionen von WEA treten nicht, wie der Schattenwurf, nur periodisch auf, sondern sind eine permanente Begleiterscheinung beim Betrieb von WEA. Typischerweise liegen sie in der Größenordnung zwischen 98 und 109 dB(A). Die Richtwerte für die Immissionen welche „außerhalb von Gebäuden" auftreten dürfen, werden durch das Bundesimmissionsschutzgesetz definiert und können der TA Lärm entnommen werden (vgl. Abschnitt 4, TA-LÄRM). Die jeweiligen Werte variieren zwischen 35 dB(A) in „Kurgebieten, für Krankenhäuser und Pflegeanstalten" und 70 dB(A) in Industriegebieten. Da von WEA aber Emissionen zwischen 98 und 109 dB(A) ausgehen, müssen diese bestimmte Abstände zu den Gebietskategorien einhalten. Über die Emissionswerte der WEA, die erlaubten Immissionsgrenzwerte und die Faustregel, dass der Schalldruckpegel bei Verdopplung des Abstands um 6 dB(A) abnimmt, lassen sich für jede Gebietskategorie und jede der betrachteten Referenzanlagen (vgl. Tabelle 8.1) ein Mindestabstand ermitteln.

Für die Ermittlung der Mindestabstände wurde ein einheitlicher Immissionsgrenzwert von 40 dB(A) gewählt. Dieser Grenzwert wurde für alle Siedlungsflächen einschließlich der Gewerbe- und Industriegebiete, Kurgebiete, Krankenhäuser und Pflegeanstalten, angewendet. Die Notwendigkeit für ein solches Vorgehen ergab sich daraus, dass nicht hinreichend detaillierte Daten zur Verfügung standen, die eine Differenzierung der Immissionsorte gemäß der Gebietskategorien der TA Lärm ermöglicht hätten.

Die Zweckmäßigkeit ergibt sich aus der Zielstellung des Modellierungs- und Bewertungsverfahrens. Zwar schränkt die einheitliche Be-

---

[1] Zitiert aus WEA-Schattenwurf-Leitlinie 2003: „Bei Einsatz einer Abschaltautomatik, die keine meteorologischen Parameter berücksichtigt, ist durch diese auf die astronomisch maximal mögliche Beschattungsdauer von 30 Stunden pro Kalenderjahr zu begrenzen. Wird eine Abschaltautomatik eingesetzt, die meteorologische Parameter berücksichtigt (z.b. Intensität des Sonnenlichtes), ist auf die tatsächliche Beschattungsdauer von 8 Stunden pro Kalenderjahr zu begrenzen."

[2] Bei zu erwarteten Überschreitungen der Richtwerte wird in der Regel eine Abschaltautomatik eingesetzt. Daher wurde von einer weiteren Reduzierung des Eignungsraumes zur Vermeidung von Schattenimmissionen abgesehen.

rücksichtigung des Grenzwertes von 40 dB(A) Aussagen über das Flächenangebot für die Windenergienutzung in den Untersuchungsregionen ein, da etliche Flächen in der Umgebung von Gewerbe- und Industriegebieten unnötigerweise ausgeschlossen werden. Jedoch bleibt das Hauptziel des Verfahrens, aus einer Menge möglicher Standorte diejenigen zu finden, die unter bestimmten Voraussetzungen und Annahmen wohlfahrtsoptimal sind, davon weitgehend unbeeinflusst.

Für den gesetzten Grenzwert von 40 dB(A) wurden unter Einsatz marktüblicher Windparkplanungs-Software folgende Mindestabstände für die drei WEA-Typen (vgl. Tabelle 8.1) ermittelt: 800 m für Typ I, 1.000 m für Typ II und 1.100 m für Typ III. Da in einem Bereich bis 800 m um die Siedlungsflächen keine der ausgewählten WEA errichtet werden dürfen, kann auch dieser Bereich von einer weiteren Betrachtung ausgeschlossen werden. Damit sind nun alle physisch und rechtlich geeigneten Flächen, also der Eignungsraum, definiert (Abbildung 8.2).

Abbildung 8.2: Bei einem Mindestabstand von 800 m physisch und rechtlich für die Windenergiegewinnung geeignete Fläche in Westsachsen bzw. Nordhessen

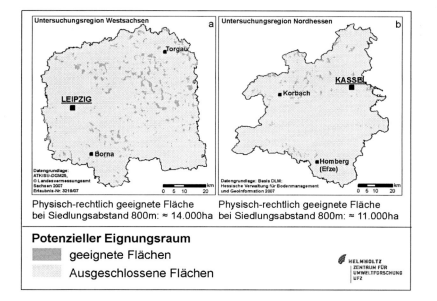

Physisch-rechtlich geeignete Fläche
bei Siedlungsabstand 800m: ≈ 14.000ha

Physisch-rechtlich geeignete Fläche
bei Siedlungsabstand 800m: ≈ 11.000ha

Potenzieller Eignungsraum

geeignete Flächen

Ausgeschlossene Flächen

8.4 Ermittlung konkreter Standorte

Der Eignungsraum soll in den folgenden Abschnitten 9 und 10 unter energetischen und ökologischen Gesichtspunkten bewertet werden. Um diese Bewertung durchführen zu können, war ein weiterer Bearbeitungsschritt notwendig. Um das energetische Potenzial der Untersuchungsregionen abschätzen (Abschnitt 9), aber auch um genauere Aussagen bezüglich der Gefährdung spezifischer Tierarten treffen zu können (Abschnitt 10), wurden sowohl die mögliche Anzahl von WEA als auch die konkrete Position aller potenziellen Standorte ermittelt. Dazu wurde zunächst der notwendige Mindestabstand zwischen den WEA zur Vermeidung des sogenannten Parkeffekts[1] recherchiert (DWIA 2009). Als Richtwerte werden 5 bis 9 Rotordurchmesser in Hauptwindrichtung und 3 bis 5 Durchmesser in der Richtung quer zur Hauptwindrichtung empfohlen. In der Analyse wurde allseitig der 5-fache Rotordurchmesser als Mittelwert verwendet.

Basierend auf diesen Vorgaben wurde für jeden WEA-Typ ein regelmäßiges Punktraster generiert und mit dem jeweiligen Eignungsraum (WEA-Typ I: 800 m Mindestabstand zu Siedlungsflächen, WEA-Typ II: 1000 m Mindestabstand und WEA-Typ III: 1100 m Mindestabstand) verschnitten, so dass nur diejenigen WEA-Standorte verblieben, die den physischen und rechtlichen Anforderungen genügen. Das Ergebnis sind drei Datensätze mit potenziellen WEA-Standorten für die jeweiligen Referenzanlagen. Diese wurden zunächst einzeln der weiteren Analyse (Abschnitte 9 – 11) unterzogen. Dabei zeigte sich, dass WEA-Typ III aufgrund der hohen Anschaffungskosten und unter Berücksichtigung der zur Verfügung stehenden Daten derzeit nicht profitabel ist (siehe Abschnitt 11) und daher im Rahmen der Optimierung (Abschnitt 12) nicht explizit berücksichtigt wird. Es wurde daraufhin ein weiteres Punktraster mit einer Kombination aus den WEA-Typen I und II generiert, wobei ab 1.000 m Siedlungsabstand nur noch Standorte für WEA-Typ II verortet

---

[1] Der Parkeffekt beschreibt das Phänomen, dass WEA die zu nah beieinander stehen, sich bei bestimmten Windrichtungen gegenseitig verschatten, so dass die in Windrichtung gesehen hinten stehenden WEA, weniger Energie umwandeln können.

Abbildung 8.3: Bei einem Mindestabstand von 800 m physisch und rechtlich für die Windenergiegewinnung geeignete Standorte in Westsachsen

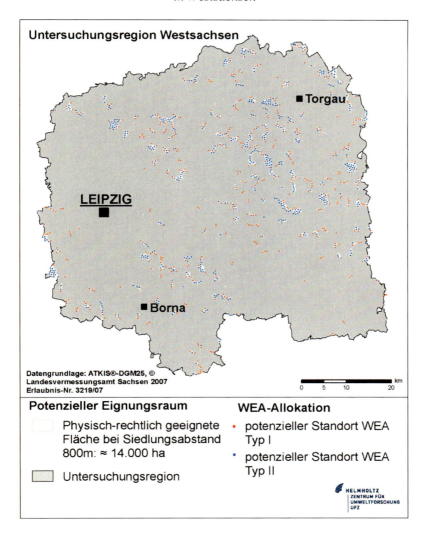

Abbildung 8.4: Bei einem Mindestabstand von 800 m physisch und rechtlich für die Windenergiegewinnung geeignete Standorte in Westsachsen

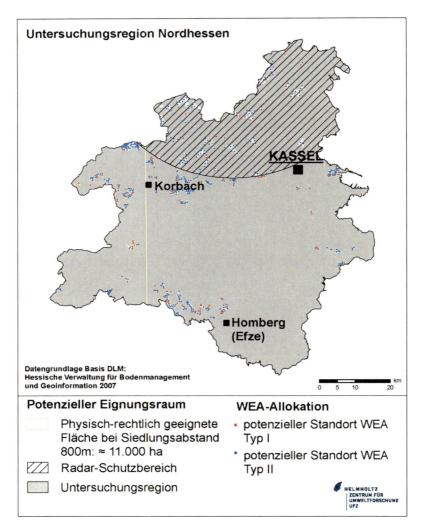

wurden[1]. Die Lage dieser Standorte in beiden Untersuchungsregionen ist in den Abbildungen 8.3 und 8.4 dargestellt. Im Rahmen der Optimierung wird dann in Abschnitt 12 für jeden potenziellen Standort ermittelt, ob dort eine WEA stehen sollte oder nicht.

Für die Untersuchungsregion Nordhessen ist bei der Ermittlung potenzieller WEA-Standorte noch ein weiterer Aspekt zu berücksichtigen. Die Bundeswehr betreibt in Auenhausen, im westlich angrenzenden Bundesland Nordrhein-Westfahlen, eine Radarstation. Sollen WEA innerhalb eines Radius von 40 km um diese Station errichtet werden, muss deren Störungsfreiheit nachgewiesen werden oder sie müssen einen erhöhten Abstand zu einander einhalten. Da zur Störungsfreiheit keine ausreichenden Daten zur Verfügung standen, wurde nach einem Informationsaustausch mit der Regionalplanung des Regierungspräsidiums Kassel ein Mindestabstand von 750 m zwischen den WEA gewählt. Damit verringern sich die potenziellen WEA-Standorte innerhalb dieser Zone (schwarz schraffierter Bereich in Abbildung 8.4).

Zusammenfassend ist festzuhalten, dass in beiden Untersuchungsregionen unter Berücksichtigung der definierten Kriterien in Westsachsen etwa 3% und in Nordhessen etwa 2,3% der Regionsflächen physisch und rechtlich für die Errichtung von WEA geeignet erscheinen.

---

[1] Die Nichtbetrachtung des WEA-Typs III und die Verschneidung der Punktraster der Typen I und II impliziert eine Vorauswahl der WEA-Standorte. In Abschnitt 12 wird sich jedoch erweisen, dass diese Vorauswahl wohlfahrtsoptimal ist (s. auch die Diskussion des Problems in Abschnitt 15).

9 Ermittlung und Bewertung des energetischen Potenzials des Eignungsraumes

Marcus Eichhorn

In Abschnitt 8 wurden potenzielle Standorte (Eignungsraum) für WEA unter Berücksichtigung physischer und rechtlicher Ausschlusskriterien ermittelt. Ob an diesen Standorten tatsächlich WEA errichtet werden sollten, hängt wesentlich von deren energetischem Potenzial am jeweiligen Standort ab. Um dieses zu bestimmen, werden z.b. im Vorfeld konkreter Windparkprojekte bis zu drei Windgutachten eingeholt, die Auskunft über die Windverhältnisse am jeweiligen Standort geben. Zwar konnten aus Kostengründen keine umfangreichen Windgutachten für die Untersuchungsregionen eingeholt werden, jedoch wurden die für die Berechnung des energetischen Potenzials in den Untersuchungsregionen notwendigen Daten erworben. Es handelt sich dabei zum einen um Daten zu den Häufigkeitsverteilungen der Windgeschwindigkeiten (vgl. Abbildung 9.1) für die verschiedenen Nabenhöhen der Referenzanlagen, die bei einem zertifizierten Gutachterbüro erworben wurden, zum anderen um Leistungskennlinien (vgl. Abbildung 9.2) der Referenzanlagen (vgl. Tabelle 8.1).

Die Leistungskennlinie $P(v_m)$ gibt an, welche elektrische Leistung eine WEA bei einer Windgeschwindigkeit v_m abgibt. Die Hersteller von WEA geben die Leistung P für diskrete Windgeschwindigkeitswerte v_m ($m=0,1,2,\ldots$) an, im Allgemeinen in Schritten von 1 m/s.

Die Häufigkeitsverteilung der Windgeschwindigkeit im Jahresgang an einem bestimmten Ort folgt einer Weibullverteilung[1], welche durch einen Skalen- (*A*) und einen Formparameter (*k*) charakterisiert ist (Gleichung 9.1). Die beiden Parameter *A* und *k* sind spezifisch für jede Raumeinheit (Rasterzelle) und jede Nabenhöhe einer WEA.

$$f(v_m) = k / A * (v_m / A)^{(k-1)} * e^{-(v_m / A)^k}. \qquad (9.1)$$

Die Parameter *A* und *k* der Weibull-Verteilung liegen in Form flächendeckender Rasterdatensätze mit einer horizontalen Auflösung von 1.000 m x 1.000 m[2] für beide Untersuchungsregionen vor (Eurowind 2008). Die Ergebnisse der Abschnitte 11 – 14 basieren auf diesen Daten. Darüber hinaus wurden in Abschnitt 15 Vergleichsuntersuchungen auf Basis von Daten des Deutschen Wetterdienstes (DWD) mit derselben räumlichen Auflösung durchgeführt. Zwar standen diese Daten nur für WEA-Typ I zur Verfügung, jedoch sind die Daten des DWD verhältnismäßig günstig zu erwerben. Damit bieten sie auch regionalen Planungsstellen die Möglichkeit, Windpotenziale mit vertretbarem finanziellen Aufwand zu ermitteln, um so bei der Ausweisung von Vorrang- und Eignungsgebieten für die Windenergie auch die Bedürfnisse der Anlagenbetreiber zu berücksichtigen.

Aus den Leistungskennlinien $P(v_m)$ und den nach Nabenhöhe und Rasterzelle differenzierten Windgeschwindigkeitsverteilungen $f(v_m)$ lässt sich für jede WEA der zu erwartende jährliche Energieertrag pro Jahr (*E*) berechnen. Nach Gleichung 9.2 ergibt er sich aus der Summe der Leistungswerte $P(v_m)$ gewichtet mit der Häufigkeitsverteilung $f(v_m)$, mit welcher die jeweiligen Windgeschwindigkeiten v_m im Jahresgang beobachtet werden, und multipliziert mit der Zahl der Stunden eines Jahres (t_a = 8.760 h):

$$E = t_a \sum_{m=0}^{m_{max}} f(v_m) P(v_m). \qquad (9.2)$$

---

[1] Siehe DWIA (2009) für eine einfache Definition; ausführliche Erläuterungen geben z.B. Hau (2008) und Gasch/Twele (2010).

[2] Im Gegensatz zu konkreten Windparkprojekten ist hier, bei der regionalen Maßstabsebene, diese Auflösung ausreichend.

Abbildung 9.1: Beispiel einer Windgeschwindigkeits-Verteilung

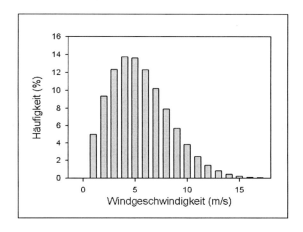

Abbildung 9.2: Beispiel einer Leistungskennlinie einer WEA

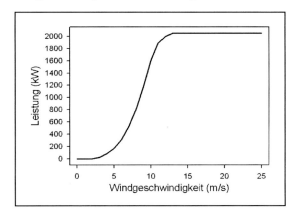

Der Parameter m_{max} bezeichnet die maximale Windgeschwindigkeit, bis zu der die WEA arbeitet (in Abbildung 9.2 sind dies 25 m/s).

Die Berechnung der Energieerträge erfolgt zunächst rasterbasiert, das heißt für jede Rasterzelle wird der Energieertrag berechnet, den eine WEA mit entsprechender Nabenhöhe in einem Jahr bei Errichtung innerhalb dieser Rasterzelle erzielen würde. Die Ergebnisse der Berechnungen für Westsachen und Nordhessen sind in Abbildungen 9.3 beispielhaft für die WEA-Typen I und II dargestellt.

Im nächsten Schritt werden die in Abschnitt 8 identifizierten potenziellen WEA-Standorte mit den Energierastern der Referenzanlagen verschnitten, das heißt jedem potenziellen Standort wurde der Energieertrag der entsprechenden Rasterzelle zugewiesen. Dies ermöglicht Aussagen zum Energieertrag jedes potenziellen WEA-Standorts in der Untersuchungsregion (dargestellt in den Abbildungen 9.4 und 9.5) und zum Gesamtenergiepotenzial der beiden Untersuchungsregionen unter den gesetzten Rahmenbedingungen.

Die bisher dargestellten potenziellen Energieerträge erlauben bereits eine Einteilung in produktive und weniger produktive Standorte. Ein weiteres Gütemaß bezüglich der Qualität von Standorten für die Windenergienutzung, welches insbesondere unter betriebswirtschaftlichen Gesichtspunkten relevant wird, ist der sogenannte Referenzertrag. Eine exakte Definition des Begriffs gibt das Erneuerbare-Energien-Gesetz (EEG): „Der Referenzertrag ist die für jeden Typ einer WEA einschließlich der jeweiligen Nabenhöhe bestimmte Strommenge, die dieser Typ bei Errichtung an dem Referenzstandort rechnerisch auf Basis einer vermessenen Leistungskennlinie in fünf Betriebsjahren erbringen würde." (EEG 2009, Anhang 5). Im EEG ist geregelt, dass Standorte an denen weniger als 60% des Referenzertrags erzielt werden von der Einspeise- und Vergütungsgarantie ausgenommen sind (EEG 2009, §29 (3)). Es wurde deshalb die 60%-Marke als Schwellenwert für die betriebswirtschaftliche Rentabilität eines Standortes gewählt (vgl. Abschnitt 11).

Eine Überprüfung der zuvor berechneten Energieerträge hinsichtlich der Erfüllung dieses Kriteriums ergibt die in Tabelle 9.1 zusammengestellten Ergebnisse. Es zeigt sich, dass in beiden Untersuchungsregionen über 90% der gesamten Regionsfläche (Ausschlusskriterien werden bei dieser Betrachtung vernachlässigt) für den Betrieb der ausgewählten Referenz-WEA (vgl. Tabelle 8.1) förderfähig im Sinne des EEG wäre.

Abbildung 9.3: Energieertragspotenzial von Referenz-WEA in Westsachsen (Tafeln a und c) und Nordhessen (Tafeln b und d)

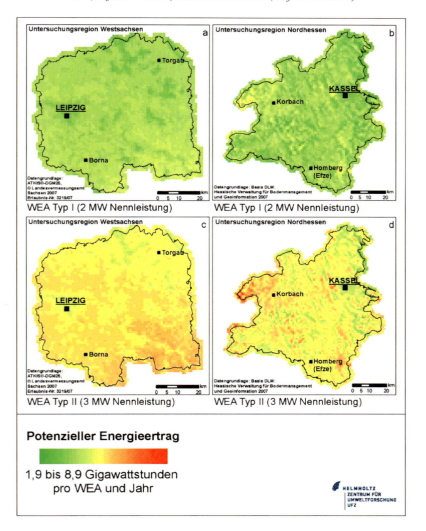

Abbildung 9.4: Standortspezifische Energieerträge in Westsachsen

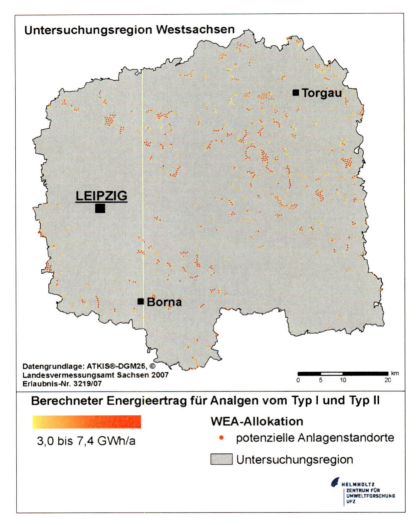

Bei Abständen von weniger als 1000 m zur nächsten Siedlung wurde WEA-Typ I, bei größeren Abständen Typ II berücksichtigt (vgl. Abschnitt 8.4).

Abbildung 9.5: Standortspezifische Energieerträge in Nordhessen

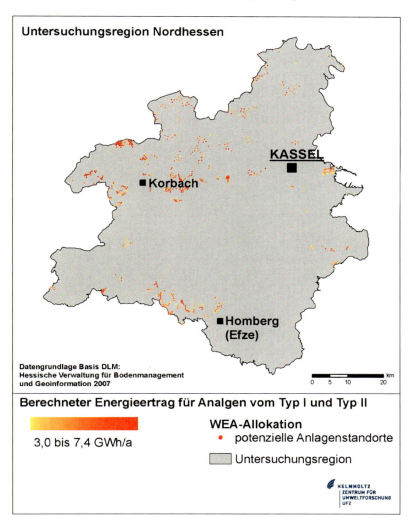

Bei Abständen von weniger als 1000 m zur nächsten Siedlung wurde WEA-Typ I, bei größeren Abständen Typ II berücksichtigt (vgl. Abschnitt 8.4).

Tabelle 9.1: EEG-Förderfähigkeit der Referenz-WEA in den Untersuchungsregionen

	Westsachsen	Nordhessen
Rasterzellen Gesamt	**5077**	**5739**
Rasterzellen < 60% Ref. Ertrag WEA-Typ I	42	487
Rasterzellen ≥ 60% Ref. Ertrag WEA-Typ I	5035	5252
Mittlerer Referenzertrag (alle Rasterzellen)	75,6%	71,1%
Rasterzellen < 60% Ref. Ertrag WEA-Typ II	0	112
Rasterzellen ≥ 60% Ref. Ertrag WEA-Typ II	5077	5627
Mittlerer Referenzertrag (alle Rasterzellen)	81,0%	77,5%
Rasterzellen < 60% Ref. Ertrag WEA-Typ III	0	44
Rasterzellen ≥ 60% Ref. Ertrag WEA-Typ III	5077	5695
Mittlerer Referenzertrag (alle Rasterzellen)	81,1%	78,1%

10 Artenschutzfachliche Bewertung des Eignungsraumes

Marcus Eichhorn und Martin Drechsler

Bei der Ermittlung des Eignungsraumes in Abschnitt 8 ist dem Natur- und Artenschutz durch Ausschluss diverser Schutzgebiete bereits in vielfältiger Weise Rechnung getragen worden. Mögliche negative Auswirkungen von WEA auf Vögel und Fledermäuse außerhalb der Schutzgebiete sind dabei jedoch noch nicht berücksichtigt. Diese Einflüsse werden im Folgenden analysiert und bewertet.

Grundsätzlich wird zwischen direkter und indirekter Beeinflussung unterschieden (vgl. Tabelle 10.1). In der Literatur standen über viele Jahre die indirekten Auswirkungen auf Vögel im Zentrum der Diskussion (Hötker et al. 2004; Hötker 2006; Percival 2000; Reichenbach et al. 2004). In den letzten Jahren hat sich aber herausgestellt, dass die indirekten Auswirkungen eher geringe Konsequenzen auf die Populationen im Ganzen haben. Reichenbach/Steinborn (2008) haben z.b. im Rahmen einer Langzeitstudie im südlichen Ostfriesland gezeigt, dass mit Ausnahme des Kiebitzes, *Vanellus vanellus*, keine signifikanten Brutrevierverlagerungen im Zusammenhang mit Windparks festzustellen sind. Indirekte Auswirkungen auf Fledermäuse sind den Autoren nicht bekannt.

Anders sind dagegen die direkten Auswirkungen, also die Vogelverluste durch Kollision (Derwitt/Langston 2006; Lekuona/Ursua 2007) zu bewerten. Insgesamt scheinen Vogelverluste durch Kollision an WEA zwar verglichen mit denen an anderen anthropogenen Objekten wie Freileitungen, Fassaden oder Fahrzeugen eher gering zu sein (Wizelius 2007, 157). Jedoch zeichnen sich für bestimmte, insbesondere langlebige Vogelarten Auswirkungen ab, die die Populationen dieser Arten be-

treffen. Zu diesen langlebigen Vogelarten zählen in erster Linie Greif-
vögel. So wurden beispielsweise für den Gänsegeier, *Gyps fulvus*, in
Tariffa, Spanien (Barrios et al. 2007), und den Goldadler, *Aquila chry-
saetos* canadensis, im Altamont-Pass-Gebiet in Kalifornien, USA (Small-
wood/Thelander 2008), massive Rückgänge der lokalen Populationen
durch Kollisionen mit WEA festgestellt.

Tabelle 10.1: Negative Auswirkungen von WEA
auf Vögel und Fledermäuse

Indirekte Auswirkungen	Direkte Auswirkungen
Scheuchwirkung	Vogelverluste durch Kollision
Habitatverluste zur Brut- und Zugzeit	Fledermausverluste durch Kollision
Barrierewirkung für ziehende Vögel	

Zu den häufigsten Schlagopfern in Deutschland zählen der Mäusebus-
sard, *Buteo buteo*, und der Rotmilan, *Milvus milvus* (Dürr 2010)[1]. Für die
artenschutzfachliche Bewertung der in Abschnitt 8 identifizierten WEA-
Standorte wurde als Leitart der Rotmilan ausgewählt, da er nicht nur zu
den häufigsten Schlagopfern in Deutschland gehört, sondern auch, weil
Deutschland eine besondere Verantwortung für den Schutz dieser
Vogelart trägt. Etwa die Hälfte der mit 12.000 – 18.000 Brutpaaren recht
kleinen Gesamtpopulation brütet auf deutschem Gebiet. Mammen/Dürr
(2006) und Dürr (2009) zeigen, dass es sich bei den Kollisionsopfern
zumeist um adulte (d.h. geschlechtsreife) Tiere handelt, und dass die
meisten Kollisionen während der Brutzeit zwischen Ende März und Juni
auftreten (Dürr 2009). In der Arbeit von Nachtigall (2008), die sich mit
dem Vorkommen und der Ökologie des Rotmilans beschäftigt, wird unter
anderem der Aktionsradius der Tiere bei der Nahrungssuche während der
Brutzeit dargestellt (siehe Abbildung 10.1).

---

[1] Fledermäuse werden im weiteren Verlauf nicht mehr betrachtet, da es nicht Ziel
des *FlächEn*-Projekts war, eine umfassende artenschutzfachliche Bewertung potenzieller Standorte durchzuführen, sondern anhand eines Beispiels die Möglichkeiten
der Integration artenschutzfachlicher Belange in das Modellierungs- und Bewertungsverfahren zu demonstrieren.

Prinzipiell kann aus diesen Informationen geschlussfolgert werden, dass Rotmilane vermehrt innerhalb eines bestimmten Zeitraums (der Brutzeit) und innerhalb eines bestimmten Radius um den Horst (in einem Abstand von bis zu drei Kilometern um den Horst) verunglücken. Auf dieser Basis wurde eine Bewertungsmethode für die potenziellen WEA-Standorte entwickelt. Der Kerngedanke der Methode lässt sich wie folgt zusammenfassen. Die Abschätzung der Auswirkungen der Windenergienutzung in den Regionen auf die Leitart basiert auf der Ermittlung der Abstände zwischen den potenziellen WEA- und den Horststandorten. Je mehr WEA sich in relativer Nähe zu den Horsten befinden, desto größer ist die Wahrscheinlichkeit einer Kollision von Rotmilanen mit WEA und desto ungünstiger ist der jeweilige WEA-Standort aus ökologischer Sicht zu bewerten.

Abbildung 10.1: Relative Häufigkeit des Aufenthalts des Rotmilans in verschiedenen Abstandsklassen zum Horst

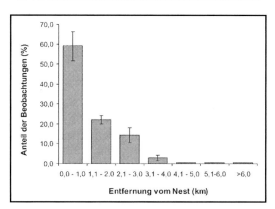

Quelle: Nachtigall (2008)

Im Detail zeigt Abbildung 10.1, dass die Wahrscheinlichkeit, einen Rotmilan zu beobachten, mit zunehmender Entfernung vom Horst abnimmt. Das bedeutet, dass sich mit zunehmender Entfernung einer WEA zum Horst auch die Wahrscheinlichkeit einer Kollision des Rotmilans mit der betreffenden WEA verringert. Die Kollisionswahrscheinlichkeit wurde deshalb mit Hilfe folgender Exponentialfunktion beschrieben (Eichhorn/ Drechsler 2010):

$$W(d) = \alpha \exp\{-(d/k)^2\}.$$ (10.1)

Dabei ist α ein Proportionalitätsfaktor, der weiter unten bestimmt wird, und d der Abstand zwischen Horst und WEA. Die Konstante k bestimmt, wie stark die Kollisionswahrscheinlichkeit mit zunehmendem Abstand vom Horst fällt. Da der Rotmilan am häufigsten in Distanzen unter 3.000 m zu beobachten ist, wurde k auf 3.000 m gesetzt, was zu dem in Abbildung 10.2 gezeigten Funktionsverlauf führt.

Wie man dort sieht, ist die Kollisionswahrscheinlichkeit für Distanzen unterhalb von 3.000 m relativ hoch und für Distanzen oberhalb 3.000 m relativ gering. Der Impact l_i einer WEA an einem bestimmten Standort i auf alle M Horste im Untersuchungsgebiet wurde als die Summe der Kollisionswahrscheinlichkeiten über alle Horste in der Region ermittelt:

$$l_i = \sum_{j=1}^{M} W(d_{ij}).$$ (10.2)

Hier ist d_{ij} der Abstand zwischen Horst j und WEA-Standort i. Basierend auf Daten zu Horststandorten der Rotmilane in Westsachsen[1] und Nordhessen[2] und den ermittelten potenziellen WEA-Standorten im Eignungsraum (vgl. Abschnitt 8) wurde der Impact l_i jedes einzelnen WEA-Standorts ermittelt (Abbildungen 10.3 und 10.4).

Abschließend wird nun noch die Bestimmung des Proportionalitätsfaktors α beschrieben, der für die Berechnung der Kollisionswahrscheinlichkeit W (Gleichung 10.1) benötigt wird. Zunächst sei festgestellt, dass die Kollision eines Rotmilans mit einer WEA die Rotmilanpopulation in der Untersuchungsregion verringert. Die Kollisionen der Vögel mit WEA können ferner in guter Näherung als statistisch voneinander unabhängige Ereignisse betrachtet werden. Der Populationsverlust L, der durch die

---

[1] Daten freundlich zur Verfügung gestellt durch das Sächsisches Landesamt für Umwelt, Landwirtschaft und Geologie (LfULG), August-Böckstiegel-Straße 1, 01326 Dresden Pillnitz.

[2] Daten freundlich zur Verfügung gestellt durch Staatliche Vogelschutzwarte für Hessen, Rheinland-Pfalz und Saarland Institut für angewandte Vogelkunde, Steinauer Str. 44, 60386 Frankfurt am Main.

Gesamtheit aller N WEA in der Region verursacht wird, kann daher als Summe über alle l_i geschrieben werden:

$$L = \sum_{i=1}^{N} l_i \, . \tag{10.3}$$

*Abbildung 10.2: Graphische Darstellung
der Kollisionswahrscheinlichkeit W*

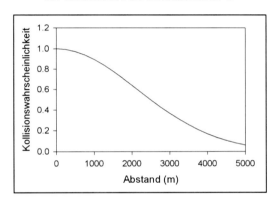

Nach Schätzungen von Hötker et al. (2004) verursachen die aktuell bestehenden WEA einen Populationsverlust von ca. 0,25% pro Jahr, was im gewählten Untersuchungszeitraum von 20 Jahren einem Populationsverlust von 5% entspricht, also L=5. Die aktuelle räumliche Verteilung der WEA im Untersuchungsraum ist bekannt. Einsetzen der Gleichungen 10.1 und 10.2 in Gleichung 10.3 ergibt:

$$L = \alpha \sum_{i=1}^{N} \sum_{j=1}^{M} \exp(-d_{ij} / 3000m) = 5 \, , \tag{10.4}$$

wobei N die Anzahl der aktuell bestehenden WEA angibt, M die Zahl der Horste und d_{ij} die Abstände zwischen den aktuell bestehenden WEA und den Horsten. Auflösen von Gleichung 10.4 ergibt für beide Untersuchungsregionen einen α-Wert von etwa 1/80.

Abbildung 10.3: Räumlich expliziter Einfluss der potenziellen WEA-Standorte auf die Rotmilane in der Untersuchungsregion Westsachsen

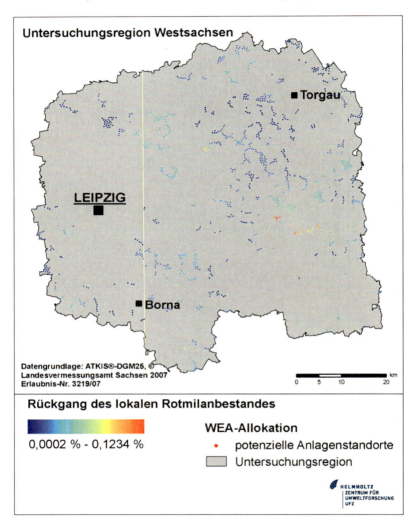

Abbildung 10.4: Räumlich expliziter Einfluss der potenziellen WEA-Standorte auf die Rotmilane in der Untersuchungsregion Nordhessen

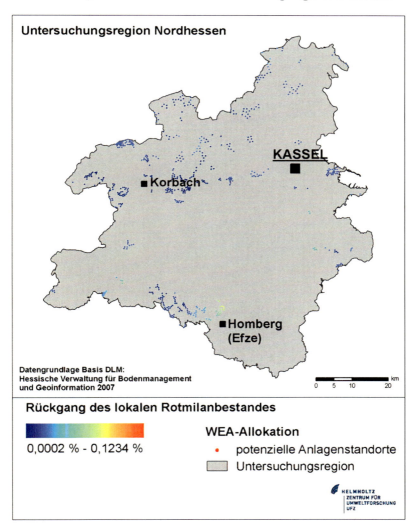

Untersuchungsregion Nordhessen

KASSEL

■Korbach

■Homberg
(Efze)

Datengrundlage Basis DLM:
Hessische Verwaltung für Bodenmanagement
und Geoinformation 2007

km
0   5   10   20

Rückgang des lokalen Rotmilanbestandes

0,0002 % - 0,1234 %

WEA-Allokation

•   potenzielle Anlagenstandorte

▢   Untersuchungsregion

HELMHOLTZ
ZENTRUM FÜR
UMWELTFORSCHUNG
UFZ

11 Betriebswirtschaftliche Bewertung des Eignungsraumes

Jan Monsees

Der vorgestellte Modellierungs- und Bewertungsansatz sieht die Gegenüberstellung von Flächennachfrage- und -angebotsfunktionen für die Errichtung von WEA vor. Die Ermittlung der Angebotsfunktion stützt sich neben den bereits behandelten politischen, rechtlichen, planerischen und energetischen Vorgaben auf in diesem Abschnitt identifizierte betriebswirtschaftliche Größen, die geeignet sind, den Grad der tatsächlichen Inanspruchnahme des von der öffentlichen Hand planungsrechtlich zur Verfügung gestellten Flächenangebots durch potenzielle private WEA-Betreiber abzubilden.

Die hierbei vorzunehmende Ableitung des Investitionsverhaltens potenzieller privater WEA-Betreiber folgt der generalisierten Annahme der Wirtschaftstheorie, dass privatwirtschaftliche Unternehmen das Ziel der Gewinnmaximierung verfolgen. Im vorliegenden Fall wurde also unterstellt, dass sich WEA-Betreiber bei ihren Entscheidungen darüber, ob und ggf. wo sie eine WEA errichten, von ihren Gewinnerwartungen leiten lassen. Diese werden bestimmt durch die Summe der mit einer definierten WEA an einem definierten Standort voraussichtlich zu erwirtschaftenden Erträge abzüglich der Summe der mit der Errichtung und dem Betrieb dieser WEA an diesem Standort voraussichtlich aufzuwendenden Kosten. Im Folgenden werden zunächst die projektrelevanten betriebswirtschaftlichen Kenngrößen identifiziert (Abschnitt 3.1) und dann die Integration der betriebswirtschaftlichen Komponente in das Modellierungsverfahren dargestellt (Abschnitt 3.2).

11.1 Projektrelevante betriebswirtschaftliche Kenngrößen

Da es in dem Verfahren um die Selektion von Standorten anhand der Ermittlung ihrer absoluten und relativen Eignung für die Windenergiegewinnung (mit anderen Worten um einen Standortvergleich) geht, bietet es
sich prinzipiell an, auf die vollständige Einbeziehung sämtlicher Kosten-
und Erlösparameter zu verzichten und allein auf eine auf diese Aufgabenstellung zugeschnittene Unterschiedsbetrachtung abzustellen. In dem Fall
sind nur *standortspezifische Kosten- und Erlösparameter* wie Windhöffigkeit, Netzanschluss und Grundstückspacht zu betrachten, während
WEA-typspezifische, das heißt standortunabhängige wie Kaufpreis oder
Finanzierungskosten außen vor bleiben können.[1]

Die Vorteile dieses Ansatzes liegen in der Komplexitätsreduktion und
dem konkreten Raumbezug zu den Untersuchungsregionen Westsachsen
und Nordhessen. Nachteilig ist dagegen, dass mit diesem Ansatz keine
Totalaussagen über Kosten und Profite an den einzelnen Standorten
möglich sind. Ambivalent ist der Datenerhebungsaufwand bzw. die Verfügbarkeit regionalisierter Daten einzuschätzen.

Demgegenüber steht als Alternativansatz die *Gesamtkosten- und -er-
lösbetrachtung*, die neben standortspezifischen auch WEA-typspezifische
Kosten- und Erlösparameter berücksichtigt und dementsprechend Total-

---

[1] In zahlreichen im Projekt durchgeführten Experteninterviews haben sich in Über-
einstimmung mit der herangezogenen Literatur die genannten drei als wichtigste
standortspezifische betriebswirtschaftliche Kriterien herauskristallisiert, wobei die
Windhöffigkeit als das mit großem Abstand wichtigste Kriterium angesehen wird.
Insgesamt wurden 19 Interviews geführt, davon eines im September 2007, eines im
Juli 2008, zwölf im September 2008, zwei im Oktober 2008, eines im Dezember
2008, eines im März 2009 und eines im Juli 2009. Interviewt wurden Vertreter fol-
gender Unternehmen (in alphabetischer Reihenfolge): BGZ Beteiligungsgesell-
schaft Zukunftsenergien AG, Husum; Bremer Landesbank Kreditanstalt Oldenburg
Girozentrale – Anstalt des öffentlichen Rechts, Bremen/Oldenburg; Energiequelle
GmbH, Zossen/Bremen; envia Verteilnetz GmbH, Halle (Saale); E.ON Mitte AG,
Kassel; NATENCO Natural Energy Corporation GmbH, Leinfelden-Echterdingen;
NewEn New Energy Projects GmbH, Bremen; Ostwind project GmbH, Regensburg; Prowind GmbH, Osnabrück; psm Nature Power Service & Management
GmbH & Co. KG, Erkelenz; SAB systeme GmbH, Stemwede; Terrawatt Planungs-
gesellschaft mbH, Grimma / Leipzig; Ventotec GmbH, Leer; Windwärts Energie
GmbH, Hannover; wpd think energy GmbH & Co. KG, Bremen; wpd Nieder-
lassung Kassel; WSB Projekt GmbH, Dresden; Zopf GmbH, Leipzig. Zur Wahrung
der Vertraulichkeit wird hier nur pauschal auf die Interviews Bezug genommen.

aussagen erlaubt. Dieser Ansatz hat jedoch den Nachteil, dass er weitaus mehr empirische Daten benötigt, die dem *FlächEn*-Projekt in dieser Breite und Tiefe aber nicht zur Verfügung standen. Daher musste in diesem Fall pragmatisch mit pauschalierten bzw. durchschnittlichen Werten für Betriebs- und Investitionskosten operiert werden, wie sie für verschiedene WEA-Typen von den Herstellern oder Betreibern bzw. allgemein in der Literatur angegeben werden. Erlösseitig unterscheidet sich die zweite Alternative nicht von der ersten, da in beiden Fällen die Einspeisevergütungen anzusetzen sind, die auf den potenziellen Standorten in den Untersuchungsregionen erzielbar sind. Die kostenseitig in Ansatz zu bringenden, stark verallgemeinerten Zahlen sind dagegen nicht mehr an die konkrete Landnutzung und Netzzugangssituation in den beiden Regionen gekoppelt wie bei der ersten Alternative.

In Abwägung der Vor- und Nachteile der beiden skizzierten Ansätze sowie der Datenverfügbarkeit und modelltechnischen Komplikationen (vgl. dazu die detaillierten Ausführungen in Abschnitt 15) wurde im *FlächEn*-Projekt eine Hybridform gewählt. Sie folgt, wie in Abschnitt 11.2 weiter ausgeführt wird, zwar im Wesentlichen der Gesamtkosten- und -erlösbetrachtung, ist aber mit der Berücksichtigung des Netzanschlusses um ein standortspezifisches Element angereichert.

Die das Investitionskalkül der WEA-Betreiber bestimmende betriebswirtschaftliche Größe lässt sich somit definieren als Gewinn G, der sich errechnet, a.) aus der Summierung der gemäß EEG von den Netzbetreibern an die WEA-Betreiber in den Modellregionen für den erzeugten Windstrom zu zahlenden Vergütungen V (Erlöse) abzüglich, b.) der für Errichtung und Betrieb der WEA aufgewendeten Kosten K. Zu beachten ist hierbei, dass die Betriebskosten permanent bzw. periodisch wiederkehrend über die gesamte Lebensdauer der WEA anfallen, die Investitionskosten dagegen nur ein einziges Mal. Auch die EEG-Vergütungen stellen im Zeitablauf regelmäßig fließende Zahlungsströme dar.

a.) Die Zahlung der *Vergütungen V* für an Land erzeugten Windstrom ist gemäß EEG an die Bedingung geknüpft, dass eine WEA nachweislich in der Lage ist, am geplanten Standort mindestens 60% des auf Grundlage gesetzlich vorgegebener, technischer Parameter berechneten Referenzertrages zu erzielen. Beginnend mit der ersten Stromlieferung werden die Vergütungen für das Inbetriebnahmejahr und weitere 20 Kalenderjahre gezahlt. Weiterhin unterscheidet das EEG zwischen der Grundvergütung in Höhe von 5,02 Cent/kWh und der Anfangsvergütung von 9,2 Cent/ kWh. Letztere wird für die ersten fünf Jahre ab Inbetriebnahme der WEA gezahlt. Unter bestimmten, standortabhängigen Voraussetzungen kann diese Frist in Zweimonatsintervallen auf bis zu 20 Jahre, also die gesamte Vergütungsdauer, ausgedehnt werden. Darüber hinaus wird als Zuschlag zur Anfangsvergütung ein so genannter Systemdienstleistungs-Bonus in Höhe von 0,5 Cent/kWh für vor dem 1. Januar 2014 in Betrieb gehende WEA gewährt, wenn sie durch Verordnung definierte erhöhte technische Anforderungen zur Netzintegration und Befeuerung erfüllen. Die genannten Anfangs- und Grundvergütungssätze finden jedoch nur Anwendung auf solche WEA, die vor dem 1. Januar 2010 in Betrieb genommen werden. Für danach in Betrieb gehende WEA reduzieren sich die genannten Vergütungssätze degressiv um 1% jährlich.[1]

b.) Die in der Modellierung zu kalkulierenden *Kosten K* setzen sich aus zwei Bestandteilen zusammen, Investitionskosten und Betriebskosten. Beide sind für die drei in Abschnitt 8 ausgewählten Referenz-Windenergieanlagen entsprechend der unterschiedlichen technischen Parameter (siehe Tabelle 8.1) verschieden hoch. Um sie operabel zu machen, müssen jedoch beide Kostenkomponenten wegen ihrer unterschiedlichen Skalierung auf der Zeitachse (zeitpunktbezogene Einmalkosten versus zeitraumbezogene regelmäßige Kosten) erst in eine einheitliche Zeitdimension transformiert werden, indem man

– entweder von der erwarteten Lebensdauer der Investition ausgeht (z.B. 20 Jahre), dann für denselben Zeitraum die Betriebskosten kalkuliert und deren Summe zu den Investitionskosten addiert (Lebensdauerbetrachtung), oder

– die Investitionssumme durch die erwarteten WEA-Lebensjahre teilt und den Quotienten zu den durchschnittlichen jährlichen Betriebskosten addiert (Jahresbetrachtung), oder

– mit einem Abzinsungsfaktor den Gegenwartswert der während der gesamten erwarteten Lebensdauer der WEA anfallenden Betriebskosten

[1] §§ 16, 20, 21, 29, 64 des Gesetzes für den Vorrang Erneuerbarer Energien (EEG 2009).

errechnet und diesen zu den Investitionskosten addiert (Barwertme-
thode, Stichtagsbetrachtung).

11.2 Integration der betriebswirtschaftlichen Komponente in das Modell

Die das *Investitionskalkül* eines potenziellen WEA-Betreibers bestimmende betriebswirtschaftliche Größe wird allgemein als Gewinn G
(G_{WEA}) definiert. Er ergibt sich gemäß Gleichung 11.1 aus den Erlösen
(EEG-Vergütungen, V_{EEG}) abzüglich der sich aus Investitions- (K_{WEAi})
und Betriebskosten (K_{WEAb}) zusammensetzenden WEA-Kosten (K_{WEA}):

$$G_{WEA} = V_{EEG} - K_{WEA} = V_{EEG} - K_{WEAi} - K_{WEAb}. \tag{11.1}$$

Um mit konkreten Zahlen operieren zu können, waren einige weitere
Annahmen zu treffen. So fußt die Kalkulation der für Windstrom zu
zahlenden *Vergütungen V* gemäß EEG auf der Annahme, dass alle im
Modell installierten WEA im Jahr 2009 in Betrieb genommen werden.
Mithin kommen alle WEA, vorausgesetzt sie erreichen mindestens 60%
des Referenzertrages (*RE*), fünf Jahre lang in den Genuss der erhöhten
Anfangsvergütung (*AV*). Zudem müssen sie damit keinerlei Abschläge
durch die für spätere WEA-Inbetriebnahmen vorgesehene Degression der
Vergütungssätze hinnehmen. Auch wurde unterstellt, dass alle Referenz-
WEA die technischen Anforderungen zur Gewährung des Systemdienst-
leistungs-Bonusses (*SB*) erfüllen, der gleichfalls fünf Jahre lang gewährt
wird. Somit werden in den ersten fünf Jahren insgesamt 9,7 Cent/kWh
bzw. 0,097 €/kWh (*AV+SB*) vergütet. Die unter Umständen auch danach
noch fällige *AV* beträgt 9,2 Cent/kWh bzw. 0,092 €/kWh und die nach
deren Ablauf fällige *GV* 5,02 Cent/kWh bzw. 0,0502 €/kWh. Misst man
die jährlich produzierte Energiemenge *E* in kWh, so ergibt sich bei einer
kalkulierten Betriebsdauer von 20 Jahren – typunabhängig – für jede(n)
einzelne(n) WEA(-Standort):

$$V_{20j,WEA} = \sum_{t=1}^{5} E \cdot 0,097€/kWh + \sum_{t=6}^{x} E \cdot 0.092€/kWh + \sum_{t=x+1}^{20} E \cdot 0.0502€/kWh$$

$$\tag{11.2}$$

für alle WEA mit $RE \geq 60\%$ und $V_{WEA} = 0$ für alle WEA mit $RE < 60\%$.
Die in obigen Gleichungen einzusetzenden jährlich erzeugten Energie-

mengen E werden aus den Berechnungen in Abschnitt 9 übernommen. Das Betriebsjahr x, bis zu welchem die AV gemäß § 29 Abs. 2 EEG längstens ausgezahlt wird, errechnet sich wie folgt:

$$x = \left(\frac{1,5RE - E}{0,0075RE \cdot 6} \right). \tag{11.3}$$

Die Kalkulation der *Kosten K* basiert auf Literatur-, bzw. Experten- und Herstellerangaben.[1] Als Basis zur Ermittlung der Investitionskosten (K_{WEAi}) dienen die WEA-typspezifischen Verkaufspreise. Darauf werden dann noch einmal 10% als Richtwert zur Abdeckung von Infrastruktur- bzw. Investitionsnebenkosten, u. a. für den Netzanschluss und die Erschließung der Stellfläche, aufgeschlagen. Als Durchschnittswert für die jährlichen Betriebskosten (K_{WEAb}) werden schließlich noch einmal 5% der gesamten Investitionskosten angesetzt.[2] Die für die drei modellierten WEA-Typen anzusetzenden Kostenrichtwerte sind in Tabelle 11.1 dargestellt.

Tabelle 11.1: Kalkulation der Investitions- und Betriebskosten der Referenz-Windenergieanlagen (in T€)

WEA-Typ	Ver-kaufs-preis	Infrastruktur-kosten-Aufschlag	Investitions-kosten gesamt	Jährliche Betriebskosten
I	2.407	240	2.648	132
II	3.172	317	3.489	174
III	12.000	1.200	13.200	660

---

[1] Vergleiche Fußnote 1, Seite 110; weitere Auskünfte wurden von den WEA-Herstellern Enercon GmbH, Aurich und Vestas Deutschland GmbH, Husum im August/ September 2009 per E-Mail erteilt.

[2] Nach DEWI (1999): 21; Hau (2008): 841 f.; Rytina (o.J.) und Staiß (2007): Tab. 1-12. In jüngster Zeit werden die Infrastrukturkosten teilweise auch schon mit 20% angesetzt, vergleiche Gasch/Twele (2010): 522.

Bei Lebensdauerbetrachtung ergibt sich damit zum Beispiel für WEA-Typ II folgende Gleichung:

$$K_{20j,TypII} = K_{TypIIi} + K_{20j,TypIIb}$$
$$= 3.489.200€ + (20j \cdot 174.460€ / j) = 6.978.400€ \qquad (11.4)$$

Der operative *Gewinn* einer WEA vom Typ II lässt sich dann ermitteln als:

$$G_{TpyII} = V_{20j,TypII} - 6.978.400€. \qquad (11.5)$$

Weil die oben berechneten EEG-Vergütungen und Betriebskosten periodisch wiederkehrende Einnahmen- und Ausgabenströme über einen Zeitraum von 20 Jahren darstellen, ist ihre Verrechnung mit der Einmalzahlung für die Investition zum Zeitpunkt der WEA-Inbetriebnahme im Rahmen einer Lebensdauerbetrachtung gemäß Gleichung 11.5 aber zu ungenau. Präziser ist eine Stichtagsbetrachtung, weshalb der Gegenwarts- oder Barwert (BW) der EEG-Vergütungen und Betriebskosten mittels eines Abzinsungsfaktors (AF) mit den Gleichungen 11.6 und 11.7 zu berechnen ist, wobei basierend auf Informationen aus Experteninterviews[1] mit einem Zinssatz (z) von 5% kalkuliert wird:

$$AF_t = (1+z)^{-t} \qquad (11.6)$$

mit z=0,05, und

$$BW_{V20j,WEA} = (V_1 \cdot AF_1) + (V_2 \cdot AF_2) + ... + (V_T \cdot AF_T) \qquad (11.7)$$

mit T=20 Jahre. Damit verändern sich auch die Gleichungen (11.2) und (11.4) für die Vergütungen und Kosten wie folgt:

$$V_{20j,WEA} = \sum_{t=1}^{5} E \cdot 0,097 \cdot (1+z)^{-t} + \sum_{t=6}^{x} E \cdot 0.092 \cdot (1+z)^{-t}$$
$$+ \sum_{t=x+1}^{20} E \cdot 0.0502 \cdot (1+z)^{-t} \qquad (11.8)$$

---

[1] Vergleiche Fußnote 1, Seite 110.

für alle WEA mit $E \geq 60\%$ RE und $V_{WEA} = 0$ für alle WEA mit $E < 60\%$ RE, und

$$K_{20j,WEA} = K_{WEAi} + K_{WEAb} \sum_{t=1}^{20} (1+z)^{-t} .$$ (11.9)

Aus den Gleichungen 11.8 und 11.9 resultiert dann wie folgt der Gewinn:

$$G_{20j,WEA} = V_{20j,WEA} - K_{20j,WEA} .$$ (11.10)

Dem bis hier „raumlosen" Kostenansatz wird nun durch die explizite Berücksichtigung des Anschlusses der WEA an das Stromnetz noch eine standortspezifische Komponente (vgl. Abschnitte 11.1 und 15) hinzugefügt. Dies geschieht in sechs Schritten von a.) bis f.):

a.) Es wird angenommen, dass jede modellierte WEA an die jeweils nächstgelegene, für die öffentliche Stromversorgung vorhandene Sammelschiene einer Umspannstation (US) zwischen Mittelspannungs-(MS)- und Hochspannungs-(HS)-Netz angeschlossen wird.

b.) Mittels der im *FlächEn*-Projekt bekannten Koordinaten aller potenziellen WEA-Standorte und vorhandenen US in beiden Untersuchungsregionen wird für jede potenzielle WEA die Entfernung bzw. Kabellänge zu der ihr zugeordneten US ermittelt und diese mit dem Kostensatz für ein MS-Kabel (40.000 Euro/km)[1] multipliziert.

c.) Die unter b.) je WEA berechneten Ergebnisse werden anschließend regionsweit addiert, so dass sich als Summe die gesamten Netzanschlusskosten je Untersuchungsregion ergeben.

d.) Diese Summe wird dann geteilt durch die Zahl aller WEA in der Region, womit man die durchschnittlichen Anschlusskosten pro WEA erhält.

e.) Letztere werden dann, weil im Infrastrukturkostenaufschlag bereits anteilige Netzanschlusskosten enthalten waren, von den Gesamtinvestitionskosten pro WEA (vgl. Tabelle 11.1) abgezogen.

---

[1] In den bereits erwähnten Experteninterviews wurde eine Spanne von 30.000 – 50.000 Euro/km genannt, vergleiche Fußnote 1, Seite 110.

f.) Zu der so erhaltenen Summe muss nun noch der unter b.) ermittelte individuelle Netzanschlusskostenwert je WEA wieder addiert werden, woraus dann im Endeffekt individuell unterschiedliche betriebswirtschaftliche Kosten je WEA resultieren, differenziert nach ihrer räumlichen Lage.

Durch Einsetzen der, wie im vorigen Absatz beschrieben, zu modifizierenden Werte aus Tabelle 11.1 und der in Abschnitt 9 ermittelten Energiemengen in obige Gleichungen lassen sich nun für alle drei Referenz-WEA die zugehörigen Vergütungen (11.8), Kosten (11.9) und Gewinne (11.10) kalkulieren. Wie die Berechnungen ergaben, ist WEA-Typ III aufgrund der (zurzeit)[1] sehr hohen Anschaffungskosten in beiden Untersuchungsregionen unrentabel, so dass die in den Abbildungen 11.1 (Westsachsen) und 11.2 (Nordhessen) illustrierte betriebswirtschaftliche Rentabilität der potenziellen WEA-Standorte allein auf dem in Abschnitt 8 definierten Mix aus den WEA-Typen I und II beruht. Die so berechneten Werte gehen weiter in die Ermittlung der wohlfahrts-optimalen WEA-Allokation in Abschnitt 12 ein.

---

[1] Die Anlage befand sich zum Zeitpunkt der Studie noch weitgehend in der Prototypphase bzw. in der Einzelstückfertigung. Es ist daher davon auszugehen, dass die Anschaffungskosten mit zunehmender Serienfertigung noch deutlich sinken und sich damit auch die Rentabilitätsaussichten dieses WEA-Typs in den beiden Untersuchungsregionen verbessern werden.

Abbildung 11.1: Rentabilität (Gewinne über 20 Jahre)
der potenziellen WEA-Standorte in Westsachsen

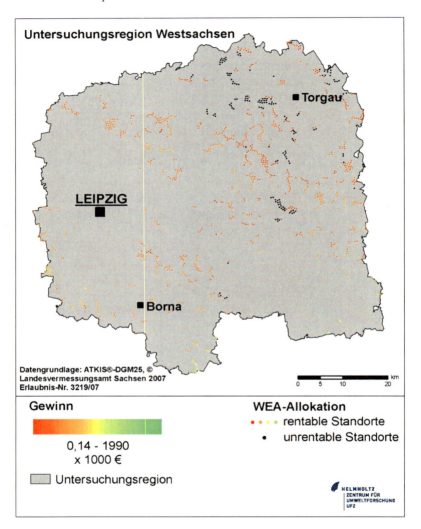

Abbildung 11.2: Rentabilität (Gewinne über 20 Jahre)
der potenziellen WEA-Standorte in Nordhessen

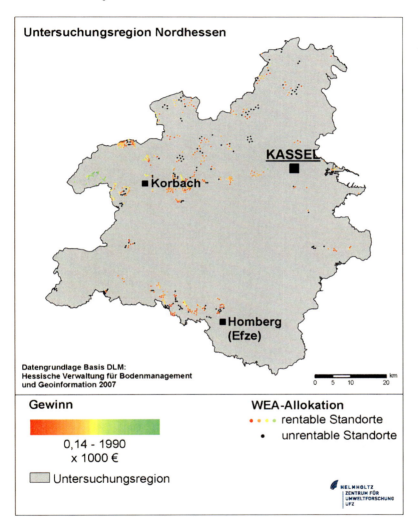

Kapitel V

Integration von Nachfrage- und Angebotsfunktion

12 Bestimmung der wohlfahrtsoptimalen Standorte für WEA

Martin Drechsler

Hintergrund der Optimierung ist folgendes Entscheidungsproblem: Eine bestimmte Menge an Energie E_{min} soll pro Jahr in einer Region durch WEA produziert werden und dies soll wohlfahrtsoptimal, das heißt zu minimalen volkswirtschaftlichen Kosten geschehen (Abschnitt 11.2). Die volkswirtschaftlichen Kosten setzen sich zusammen aus betriebswirtschaftlichen (Abschnitt 11) und externen Kosten. Letztere hängen ab von dem Verlust an Rotmilanen, der in der Region durch WEA verursacht wird (Abschnitt 10) und dem Mindestabstand der WEA zu Siedlungen. Über die in Abschnitt 6 ermittelten Zahlungsbereitschaften können die externen Kosten unmittelbar in Euro ausgedrückt werden (Abschnitt 6.4). Über ein mathematisches Verfahren werden mit diesen Informationen die optimalen WEA-Standorte in den Untersuchungsregionen Westsachsen und Nordhessen ermittelt sowie die zugehörigen Optima der Populationsverluste L^*, Mindestabstände D^* und betriebswirtschaftlichen Kosten $K_p{}^*$.

12.1 Beschreibung des Optimierungsproblems

Ziel der Optimierung ist, WEA in der Region so zu platzieren, dass eine bestimmte Menge an Energie pro Jahr (E_{min}) zu minimalen volkswirtschaftlichen Kosten K produziert wird, unter der Nebenbedingung, dass für jede WEA der betriebswirtschaftliche Gewinn G (vgl. Abschnitt 11.2) positiv ist[1]. Die volkswirtschaftlichen Kosten setzen sich zusammen aus den betriebswirtschaftlichen K_p (vgl. Abschnitt 11) und den externen Kosten K_e (vgl. Abschnitt 6). Letztere bestimmen sich durch den Verlust an Rotmilanen (L, gemessen in % auf 20 Jahre, vgl. Abschnitt 10) und den Mindestabstand von WEA zu Siedlungen (D):

$$K = K_e + K_p = K_L(L) + K_D(D) + K_p.$$ (12.1)

Zu entscheiden ist nun für jeden der potentiellen Standorte i=1,...N, ob dort eine WEA errichtet werden soll, und wenn ja, um welchen der drei Typen I-III (vgl. Tabelle 8.1) es sich dabei handeln soll.

Zunächst kann man feststellen, dass an allen betrachteten Standorten der große WEA-Typ III aufgrund der (zurzeit) sehr hohen Investitionskosten in beiden Untersuchungsregionen durchgängig unrentabel ist. Dies gilt zum einen für den betriebswirtschaftlichen Gewinn G, der auf allen potenziellen Standorten negativ ist (Abschnitt 11.2), aber auch aus volkswirtschaftlicher Sicht, wie am Ende dieses Abschnittes 12 gezeigt wird.

Des Weiteren zeigt sich, dass sowohl die Gewinne G als auch das Verhältnis aus betriebswirtschaftlichen Kosten und Energieertrag (in GWh/a) für die WEA-Typen I und II auf allen potenziellen Standorten nahezu identisch sind (die relative Abweichung beträgt weniger als 2%). Andererseits gilt, dass die Produktion einer gegebenen Energiemenge mit (wenigen) größeren WEA für den Rotmilan weniger schädlich ist als die Produktion derselben Menge mit (vielen) kleineren WEA.[2] Da die Bevölkerung im Durchschnitt weder eine Präferenz für größere noch für kleinere WEA hat (vgl. Abschnitt 6) ist es daher wohlfahrtsoptimal, das vorgegebene Energieziel mit dem größeren WEA-Typ II zu erreichen. Allerdings darf WEA-Typ II wegen höherer Schallimmissionen im Gegensatz zu WEA-Typ I nur an Standorten stehen, die mindestens 1.000 m von der nächsten Siedlung entfernt sind. Unter dieser Restriktion ist folgende

---

[1] Interne Berechnungen belegen, dass bei der aktuellen Ausgestaltung des EEG diese Nebenbedingung keinen Einfluss auf die wohlfahrtsoptimale Allokation der WEA in den beiden Untersuchungsgebieten hat.

[2] H. Hötker, Michael-Otto-Institut im NABU, Bergenhusen, persönliche Mitteilung am 12.11.2008.

Regel wohlfahrtsoptimal: Auf Standorten, die weniger als 1.000 m von Siedlungen entfernt sind, sollte entweder WEA-Typ I oder keine WEA errichtet werden; auf weiter entfernten Standorten sollte entweder Typ II oder keine WEA errichtet werden.

Ob auf einem Standort i eine WEA (Typ I bzw. Typ II) errichtet werden sollte oder nicht, wird durch die Größe x_i ausgedrückt. Sollte am Standort eine WEA errichtet werden, ist $x_i=1$, falls nicht ist $x_i=0$. Der Vektor $\mathbf{x}=(x_1,x_2,...,x_N)$ repräsentiert eine Allokationsstrategie, die für jeden der N potenziellen Standorte angibt, ob dort eine WEA errichtet werden sollte oder nicht. Die Zahl aller möglichen Allokationsstrategien beträgt 2^N.

12.2 Eingangsdaten für die Optimierung

Eingangsdaten der Optimierung sind zum einen die externen Kosten K_e aus Abschnitt 6.4 und für jeden potenziellen Standort i ($i=1,2,...N$):

– der erwartete jährliche Windenergieertrag E_i (gemessen in GWh; siehe Abschnitt 9). Der Gesamtertrag in der betrachteten Region berechnet sich als

$$E = \sum_{i=1}^{N} x_i E_i \qquad (12.2)$$

– der Verlust an Rotmilanen (% in 20 Jahren; siehe Abschnitt 10):

$$L = \sum_{i=1}^{N} x_i l_i \qquad (12.3)$$

– die betriebswirtschaftlichen Kosten $K_{20j,WEA}$ (über die nächsten 20 Jahre, abhängig vom WEA-Typ, gemessen in Mio. €; siehe Abschnitt 11). Verwendet wird hier allerdings nicht der privatwirtschaftliche Zinssatz von $z = 5\%$ pro Jahr, sondern die gesellschaftliche Diskontrate von $r = 3\%$ pro Jahr. Die gesamten Produktionskosten in einer Region berechnen sich zu

$$K_p = \sum_{i=1}^{N} x_i K_{20j,WEA} \qquad (12.4)$$

Dabei wird auf einem Standort nur dann eine WEA errichtet, wenn die Erträge die betriebswirtschaftlichen Kosten übersteigen (siehe Abschnitt 11).

– Der Abstand d_i des Standorts zur nächsten Siedlung (in Klassen von 700 m – 725 m, 725 m –750 m, etc.). Der Mindestabstand D von WEA zu Siedlungen wird mit

$$D = \min_i \{d_i\} \qquad (12.5)$$

bezeichnet. Auf Basis dieser Eingangsdaten ist nun diejenige Allokationstrategie **x** zu ermitteln, die bei gegebener Mindestenergiemenge E_{min} die Kosten K minimiert. Die zugehörigen wohlfahrtoptimalen Ausprägungen der Attribute Populationsverlust, Mindestabstand und betriebswirtschaftliche Kosten sind mit L^*, D^* bzw. K_p^* bezeichnet.

12.3 Mathematisches Verfahren zur optimalen Auswahl der WEA-Standorte

Dem Mindestabstand D wird zunächst ein fester plausibler Wert, z.b. 1000 m zugewiesen und die Kosten

$$K' = K_p + K_L \qquad (12.6)$$

für diesen Wert (und gegebenes Energiemengenziel E_{min}) minimiert. Wie ist K' für gegebenes D zu minimieren? Genaugenommen ist die Kostenfunktion K_L nichtlinear (siehe Abschnitt 6.4); die Krümmung der Kostenfunktion ist im relevanten Bereich von L jedoch so gering, dass K_L in guter Näherung als linear angenommen werden. Man kann also schreiben:

$$K_L(L) \approx pL = p\sum_{i=1}^{N} x_i l_i \ . \qquad (12.7)$$

Setzt man Gleichung 12.7 in Gleichung 12.6 ein, so erhält man:

$$K' = \sum_{i=1}^{N} x_i k'_i \qquad (12.8)$$

mit

$$k'_i = K_{20j,WEA} + pl_i. \qquad (12.9)$$

Das bedeutet, dass die volkswirtschaftlichen Kosten K' (bisher ohne die Kostenkomponente K_D) additiv in den Standorten sind, also gegeben sind durch die Summe aus den volkswirtschaftlichen Kosten k_i' einer WEA auf Standort i (die die Externalität Mindestabstand zu Siedlungen noch nicht enthalten) über alle Standorte $i=1,\ldots,N$. Die Additivität von K' vereinfacht das Optimierungsproblem. Als erstes wird für jeden Standort das Verhältnis $\lambda_i = E_{ik}/k'_i$ ermittelt, welches die Energiemenge angibt, die man an Standort i pro Kosten k'_i produzieren kann. Ein Standort mit einem hohen λ_i ist gegenüber einem Standort mit niedrigem λ_i vorzuziehen. Die Standorte werden in absteigender Reihenfolge – also die mit den größten λ_i zuerst – mit WEA „aufgefüllt", bis das Energiemengenziel $E \geq E_{min}$ erreicht ist. Auf diese Weise wird das Energiemengenziel zu minimalen Kosten $K'^*(D)$ erreicht. Die Schreibweise „(D)" drückt aus, dass dieses Ergebnis für den eingangs gewählten Mindestabstand D erzielt wurde. Die zugehörigen gesamten volkswirtschaftlichen Kosten $K(D)$ ergeben sich, indem man die Kostenkomponente K_D zu dem Wert $K'^*(D)$ addiert.

Beide Summanden, K_D und $K'^*(D)$, hängen nun vom gewählten Mindestabstand D ab. Um das globale Kostenminimum K^* unter Einschluss der betriebswirtschaftlichen und aller externen Kosten zu finden, wird D nun systematisch in Schritten von 25 m variiert und für jeden Wert von D die Kostenkomponente K_D und ein minimaler Wert $K'^*(D)$ wie oben beschrieben ermittelt. Die optimale Siedlungsdistanz ist diejenige, die die volkswirtschaftlichen Kosten $K(D)=K'(D)+K_D$ minimiert:

$$D^* = \arg\min_D\{K(D)\} = \arg\min_D\{K'^*(D) + K_D(D)\}, \qquad (12.10)$$

und das globale Kostenminimum ist:

$$K^* = K'^*(D^*) + K_D(D^*). \qquad (12.11)$$

12.4 Ergebnis der Optimierung und Diskussion

Als Ergebnis der Optimierung ergibt sich für die Regionen Westsachsen und Nordhessen die in den Abbildungen 12.1 bzw. 12.2 dargestellte wohlfahrtsoptimale Allokation von WEA. Sie erzeugt das jeweils vorgegebene regionale Energiemengeziel E_{min} zu minimalen volkswirtschaftlichen Kosten K und führt zu folgenden betriebswirtschaftlichen Kosten und Externalitäten:

Westsachsen: E_{min}=690 GWh, D*=1.025 m, L*=1.2%, K_p*=730 Mio. €,

Nordhessen: E_{min}=540 GWh, D*=1.025 m, L*=0.5%, Π*=540 Mio. €.

Da ab 1000 m Abstand zur nächsten Siedlung nur WEA-Typ II installiert wird, folgt aus dem Ergebnis, dass die wohlfahrtsoptimale Allokation nur Anlagen des Typs II enthält. In Westsachsen (vgl. Abbildung 12.1) handelt es sich dabei um 122 Anlagen, in Nordhessen (vgl. Abbildung 12.2) sind es 89. Interessant ist, dass in beiden Regionen der wohlfahrtsoptimale Mindestabstand D* größer ist als der aus dem Lärmschutz abgeleiteten Mindestabstand von 1000 m (vgl. Abschnitt 8). Aus Sicht der Bevölkerung werden also größere Siedlungsabstände bevorzugt als zur Einhaltung der Lärmschutzvorgaben nach dem Bundesimmissionsschutzgesetz nötig wäre. Auffällig ist, dass sowohl der Populationsverlust L* als auch die Kosten pro GWh produzierter Energie in Nordhessen geringer sind als in Westsachen. Dies deutet darauf hin, dass der Konflikt zwischen Rotmilanschutz und Windenergieproduktion in Nordhessen nicht so intensiv ist wie in Westsachen. Ein Grund hierfür ist der geringere Überlapp zwischen Rotmilanvorkommensgebieten und Gebieten mit hoher Windhöffigkeit.

Dies wird durch die Abbildungen 12.1 und 12.2 bestätigt, die die wohlfahrtsoptimale räumliche Verteilung der WEA in Westsachsen bzw. Nordhessen zeigen. In beiden Regionen tragen sowohl (betriebswirtschaftlich) rentable als auch weniger rentable Standorte zur wohlfahrtsoptimalen Windenergieproduktion bei, jedoch ist in Westsachsen der Anteil der weniger rentablen Standorte höher als in Nordhessen. Dass in beiden Regionen auch aus energetischer Sicht weniger rentable Standorte in der wohlfahrtsoptimalen Allokation enthalten sind, liegt daran, dass die Auswahl ausschließlich rentabler Standorte zu inakzeptablen externen Kosten führen würde. Die wohlfahrtsoptimale Standortauswahl stellt also gewissermaßen einen Kompromiss zwischen der Minimierung der betriebswirtschaftlichen Kosten einerseits und der Minimierung der Externalitäten andererseits dar.

Zu begründen ist nun noch die in Abschnitt 12.1 aufgestellte Behauptung, dass WEA-Typ III nach den aktuellen Daten volkswirtschaftlich unrentabel ist. Dazu werden – exemplarisch für Westsachsen – folgende Überlegungen angestellt: Wie eingangs dieses Abschnitts 12.4 festgestellt, verursacht das Erreichen des Energiemengenziels von 690 GWh/a betriebswirtschaftliche Kosten von jährlich 730 Mio. €. Eine WEA des Typs III erzeugt bis zu dreimal soviel Leistung wie WEA-Typ II (Berechnungen analog denen in Abschnitt 9).

Würde man das Energiemengenziel von 690 GWh/a ausschließlich mit WEA des Typs III anstreben, so wären dafür also mindestens 40 Anlagen nötig, was nach Tabelle 11.1 mit einer jährlichen Diskontrate von 3% betriebswirtschaftliche Kosten von mindestens 920 Mio. € verursachen würde. Diesen erhöhten betriebswirtschaftlichen Kosten (der Zuwachs beträgt 190 Mio. €) stünde vermutlich ein verringerter Verlust L an Rotmilanen gegenüber, da 40 Anlagen ein geringeres Kollisionsrisiko darstellen als 122. Obwohl man erwarten kann, dass das Kollisionsrisiko mit einer Anlage vom Typ III höher ist als das mit einer Anlage von Typ II (quantitative Informationen dazu sind in der Literatur nicht zu finden), unterstellen wir, dass sich durch eine Drittelung der Anlagenzahl auch der Populationsverlust drittelt, L also vom obigen Wert 1,2 % auf 0,4 % absinkt. Mit den Gleichungen in Abschnitt 6.4 (vgl. auch Abbildung 6.1) übersetzt sich dies in eine Verringerung der externen Kosten um etwa 22 Mio. €. Diese Verringerung der externen Kosten kann die Erhöhung der betriebswirtschaftlichen Kosten um 190 Mio. € bei weitem nicht kompensieren, so dass aktuell bei gegebenem Energiemengenziel WEA-Typ II aus Wohlfahrtssicht dem Typ III vorzuziehen ist.

Abbildung 12.1: Wohlfahrtsoptimale WEA-Standorte in Westsachsen
für ein Energiemengenziel von 690 GWh pro Jahr

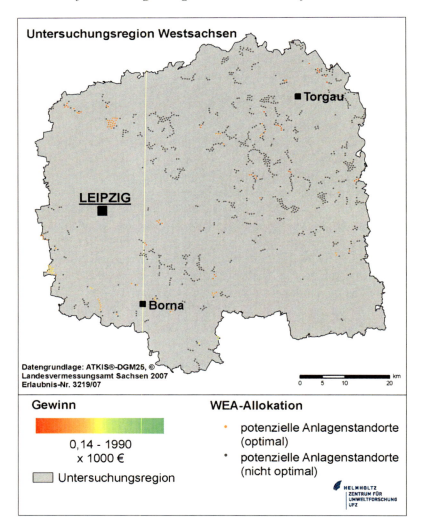

Dargestellt sind die betriebswirtschaftlichen Gewinne über 20 Jahre (Gegenwartswert)

Abbildung 12.2: Wohlfahrtsoptimale WEA-Standorte in Nordhessen für ein Energiemengenziel von 540 GWh pro Jahr

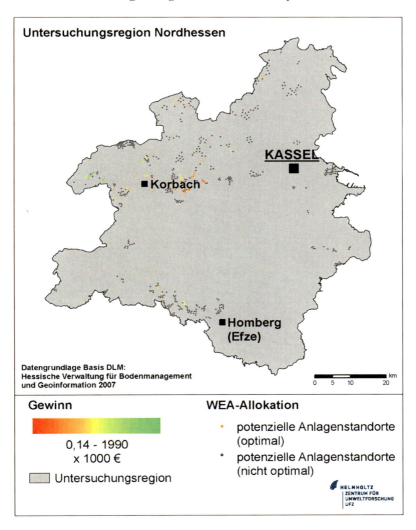

Dargestellt sind die betriebswirtschaftlichen Gewinne über 20 Jahre (Gegenwartswert)

13 Sensitivitätsanalyse

Martin Drechsler

Um zu verstehen wie die wohlfahrtsoptimale, kurz: optimale, Allokation von WEA von den Eingangsdaten abhängt, wurde eine Sensitivitätsanalyse (z.B. Saltelli et al. 2000) durchgeführt. Im ersten Schritt wurden die Zahlungsbereitschaften für die Vermeidung des Rotmilan-Verlusts und einen erhöhten Mindestabstand zu Siedlungen gegenüber den gemessenen Standardwerten aus Abschnitt 6.3 um einen Faktor f_L bzw. f_D variiert und die dazugehörigen optimalen Werte für Populationsabnahme (L^*), Mindestabstand (D^*) und Produktionskosten (K_p^*) ermittelt. Die Faktoren f_L und f_D wurden dabei zwischen 0,1 und 10 variiert, was Zahlungsbereitschaften im Bereich von 21 bis 45 Cent bzw. 21 bis 45 € entspricht (vgl. Tabellen 6.7 und 6.8). In einem zweiten Schritt wurden die Anfangsvergütung AV (aktuell nach EEG 9,2 Cent pro kWh) und das Mindestverhältnis aus Energie- und Referenzertrag (aktuell nach EEG 60%) systematisch variiert. In einem dritten Schritt wurde schließlich noch das Energiemengenziel E_{min} variiert. Die Ergebnisse werden im Folgenden beschrieben.

13.1 Variation der Zahlungsbereitschaften

Um die Wirkung der gesellschaftlichen Präferenzen auf die optimale Allokation der WEA zu ermitteln, wurden die Zahlungsbereitschaften der Attribute L und D wie oben beschrieben variiert. Die Abbildung 13.1, Tafeln a und b, zeigt, dass eine Erhöhung der Zahlungsbereitschaft für den Erhalt des Rotmilans (Erhöhung von f_L: von links hinten nach rechts vorn in der Abbildung) im Allgemeinen den optimalen Populationsver-

Abbildung 13.1: Wohlfahrtsoptimaler Populationsverlust L* (Tafeln a und d), Mindestabstand D* (b und e) und betriebswirtschaftliche Kosten K_p* (c und f) als Funktionen der Zahlungsbereitschaft für eine Verminderung von L bzw. Erhöhung von D. Ergebnisse für Westsachsen in den Tafeln a – c, für Nordhessen in den Tafeln d – f.

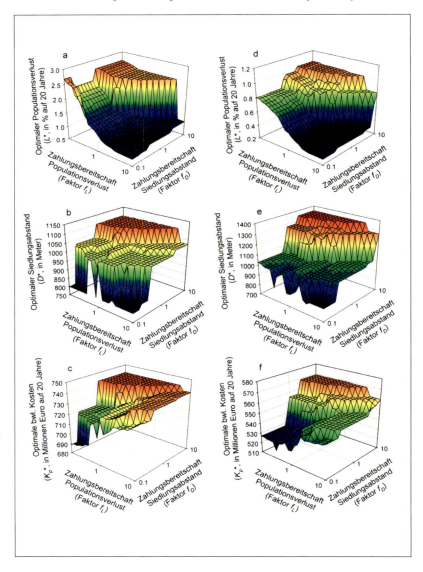

verlust $L*$ verringert.[1] Gleichzeitig vermindert sich leicht der optimale Mindestabstand $D*$ (Tafeln b und e) und erhöht sich das optimale Niveau der betriebswirtschaftlichen Kosten K_p* (Tafeln c und f). Eine Erhöhung der Zahlungsbereitschaft für eine hohe Siedlungsdistanz (Erhöhung von f_D von links vorn nach rechts hinten) erhöht im Allgemeinen den optimalen Populationsverlust $L*$ (Tafeln a und d), die optimale Siedlungsdistanz $D*$ (Tafeln b und e) und das optimale Niveau der betriebswirtschaftlichen Kosten K_p* (Tafeln c und f).

Insgesamt gilt: Erhöht sich die Zahlungsbereitschaft für die Verminderung einer Externalität, so verringert sich das optimale Niveau dieser Externalität ($L*$ sinkt bzw. $D*$ steigt), und es steigt das optimale Niveau der betriebswirtschaftlichen Kosten. Dies zeigt an, dass ein Zielkonflikt zwischen der Minimierung der Externalitäten und der Minimierung den betriebswirtschaftlichen Kosten vorliegt. Das bedeutet, dass eine Verbesserung in einem Attribut nur unter Verschlechterung mindestens eines anderen zu erreichen ist. Wenn man also die betriebswirtschaftlichen Kosten (K_p) für das Erreichen des Energiemengenziels E_{min} verringern möchte (indem man windhöffigere Standorte wählt), muss man den Mindestabstand zu Siedlungen (D) absenken oder einen höheren Populationsverlust L in Kauf nehmen.

Je nach Höhe der Zahlungsbereitschaft für Mindestabstand und Rotmilanverlust variiert der optimale Populationsverlust $L*$ zwischen 0,6 und 2,7 (Westsachsen) bzw. zwischen 0,3 und 1,1 (Nordhessen). Der optimale Mindestabstand $D*$ variiert zwischen 800 m und 1.150 m (Westsachsen) bzw. 800 und 1350 m (Nordhessen). Die optimalen betriebswirtschaftlichen Kosten K_p* variieren zwischen 690 Mio. € und 740 Mio. € (Westsachsen) bzw. 530 Mio. € und 570 Mio. € (Nordhessen). Die niedrigen Werte für $L*$ und die hohen Werte für $D*$ und K_p* entsprechen dabei jeweils einer sehr hohen Zahlungsbereitschaft und die hohen Werte für $L*$ und niedrigen Werte für $D*$ und K_p* einer sehr geringen Zahlungsbereitschaft. Die Differenz von 50 bzw. 40 Mio. € kann damit als die Kosten identifiziert werden, die für eine weitgehende Vermeidung der Externalitäten anfallen. Gemessen an den betriebswirtschaftlichen Kosten K_p*, die sich bei geringer Zahlungsbereitschaft ergeben (690 Mio. in Westsachsen bzw. 530 Mio. € in Nordhessen) sind dies etwas weniger

---

[1] Gelegentliche Abweichungen von dieser Regel lassen sich durch die mathematische Diskretheit des Optimierungsproblems begründen.

als 10%. Mit anderen Worten, die Berücksichtigung der Externalitäten erzwingt die Auswahl auch weniger rentabler WEA-Standorte, was die betriebswirtschaftlichen Kosten zur Produktion der vorgegebenen Energiemenge um knapp 10% erhöht.

13.2 Variation von Parametern des EEG

Neben den Präferenzen der Bevölkerung haben auch die Einspeiseregelungen des EEG eine Wirkung auf die optimale Allokation der WEA. Abbildung 13.2 zeigt die Wirkung einer Änderung der Anfangsvergütung bzw. einer Änderung des Referenzertragskriteriums (vom EEG gefordertes Mindestverhältnis aus Energieertrag am geplanten WEA-Standort und Referenzertrag, aktuell 0,6 bzw. 60%, vgl. Abschnitt 11).

Zunächst stellt man für beide Regionen fest, dass bei zu hohen Mindestverhältnissen von etwa 0,85 und mehr oder zu geringer Anfangsvergütung von unter 8 Cent/kWh das jeweilige Energiemengenziel nicht erreicht wird, da in diesen Fällen zu wenige Standorte profitabel sind.

In den übrigen Bereichen, in denen das Energiemengenziel erreicht wird, wirkt sich eine Erhöhung des Mindestverhältnisses von 0,6 oder eine Verminderung der Anfangsvergütung so aus, dass sich tendenziell die Externalitäten erhöhen (höheres $L*$ und geringeres $D*$) während sich die optimalen betriebswirtschaftlichen Kosten K_p* verringern. Der Grund hierfür ist, dass bei Erhöhung des Mindestverhältnisses oder Verminderung der Anfangsvergütung ehemals profitable Standorte unprofitabel werden. Um das Energiemengenziel zu erreichen, müssen rentablere Standorte ausgewählt werden, die zuvor wegen ihrer hohen externen Kosten (nah an Siedlungen bzw. Rotmilanhorsten) nicht ausgewählt worden waren. Diese erzwungene Auswahl rentablerer Standorte verringert zwar die Produktionskosten K_p*, erhöht aber die Externalitäten (erhöht $L*$ und verringert $D*$).

13.3 Variation des Energiemengenziels

Als letztes wurde der Einfluss des Energiemengenziels E_{min} auf die optimale Allokation untersucht. Abbildung 13.3 zeigt für Westsachsen, dass eine Erhöhung von E_{min} sowohl die externen als auch die betriebswirtschaftlichen Kosten erhöht. Wie man erwarten konnte, sind die betriebs-

Abbildung 13.2: Wohlfahrtsoptimaler Populationsverlust L* (Tafeln a und d), Mindestabstand D* (b und e) und betriebswirtschaftliche Kosten K_p* (c und f) als als Funktionen des Mindestverhältnisses aus Energie- und Referenzertrag und der Anfangsvergütung. Ergebnisse für Westsachsen in den Tafeln a – c, für Nordhessen in den Tafeln d – f.

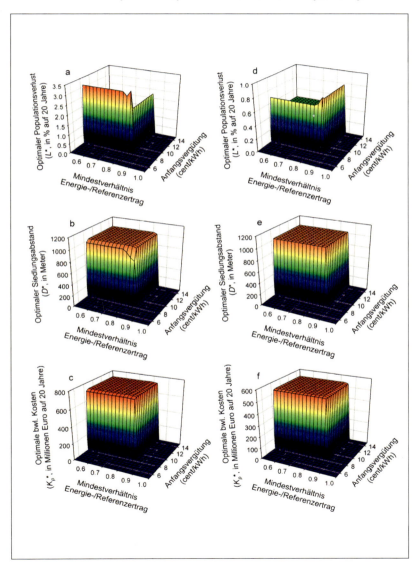

Abbildung 13.3: Optimaler Populationsverlust L* (a), Mindestabstand D* (b), betriebswirtschaftliche Kosten K_p* (c)und volkswirtschaftliche Kosten K* (d) als Funktionen des Energiemengenziels in Westsachsen

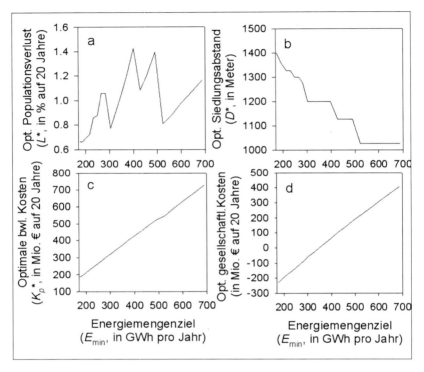

Energiemengenziel
(E_{min}, in GWh pro Jahr)

Energiemengenziel
(E_{min}, in GWh pro Jahr)

wirtschaftlichen Kosten etwa proportional zum Energieziel E_{min}. Eine Erhöhung des Energiemengenziels in Westsachsen von 345 GWh auf 690 GWh pro Jahr erhöht die betriebswirtschaftlichen Kosten um etwa 350 Mio. € (auf 20 Jahre). Die volkswirtschaftlichen Kosten K erhöhen sich dabei um etwa 400 Mio. €, was ca. 50 Mio. Euro externe Kosten (K_e) einschließt.

Ein auffälliges Muster lässt sich in Tafel a erkennen: Erhöht man das Energiemengenziel, so kann L* streckenweise abnehmen. Der Grund dafür liegt in den relativen Größen der externen Kosten K_L und K_D. Gegeben durch das Verhältnis dieser beiden externen Kosten und je nach Höhe des Energiemengenziels kann mal ein geringes L und D einem höheren L und D vorzuziehen sein, mal ist es andersherum. Die Ergebnisse für Nordhessen (Abbildung 13.4) sind dabei sehr ähnlich zu denen für Westsachsen.

13.4 Zusammenfassung

Im Rahmen einer Sensitivitätsanalyse wurden sowohl die Zahlungsbereitschaften der Bevölkerung (vgl. Abschnitt 6) als auch Regelungen der Einspeisevergütung (vgl. Abschnitt 11) und das regionale Energiemengenziel (vgl. Abschnitt 3) variiert und die Wirkungen dieser Veränderungen auf die wohlfahrtsoptimale WEA-Allokation untersucht. Dabei stellt sich heraus, dass die verschiedenen Ziele (geringer Verlust an Rotmilanen, hoher Abstand der WEA zu Siedlungen, geringe betriebswirtschaftliche Kosten) miteinander in Konflikt stehen, in dem Sinne, dass die Verbesserung in einem Ziel nur über eine Verschlechterung in einem anderen möglich ist. Als grobe Schätzung würde eine weitgehende Berücksichtigung der Externalitäten (sehr geringer Verlust an Rotmilanen und sehr hoher Mindestabstand) die betriebswirtschaftlichen Kosten auf den Untersuchungszeitraum von 20 Jahren gerechnet um ca. 50 Mio. € (10% vom Basiswert) erhöhen.

Im EEG ist unter anderem geregelt, dass eine Vergütung nur gezahlt wird, wenn der Energieertrag der WEA mindestens 60% des Referenzertrags beträgt. Die Anfangsvergütung, die in den ersten Jahren nach Errichten einer WEA gezahlt wird, beträgt 9,2 Cent pro kWh. Wird ersterer Wert auf über 85% erhöht und/oder letzterer auf unter 8 Cent pro kWh gesenkt, kann das Energiemengenziel in der Region (die Produktion der vorgegebenen Energiemenge pro Jahr) nicht mehr erreicht werden. Darüber hinaus bewirkt eine Erhöhung des Mindestverhältnisses aus Energie- und Referenzertrag und eine Verringerung der Anfangsvergütung, dass betriebswirtschaftlich weniger profitable Standorte wegfallen und durch profitablere „ersetzt" werden, was die betriebswirtschaftlichen Kosten (die zur Erreichung des Energieziels anfallen) sinken, die externen Kosten jedoch steigen lässt. Eine Erhöhung des Energiemengenziels selbst erhöht (erwartungsgemäß) sowohl die betriebswirtschaftlichen Kosten als auch die externen Kosten.

Abbildung 13.4: Optimaler Populationsverlust L* (a), Mindestabstand D* (b), und betriebswirtschaftliche Kosten K_p* (c) und volkswirtschaftliche Kosten K* (d) als Funktionen des Energiemengenziels in Nordhessen

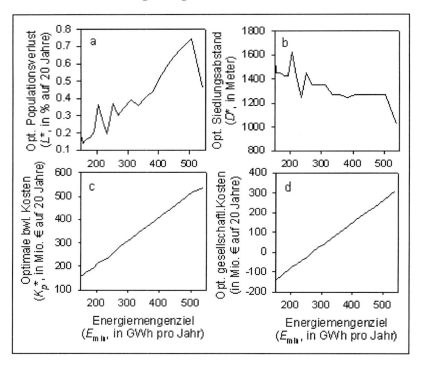

Kapitel VI

Diskussion und Zusammenfassung

14 Diskussion im Hinblick auf die Auswahl von Vorrang- und Eignungsgebieten

Jan Monsees, Marcus Eichhorn und Cornelia Ohl

In diesem Abschnitt werden ausgewählte Ergebnisse der vorangegangenen Abschnitte verwendet, um die in den beiden Untersuchungsregionen ausgewiesenen Vorrang- und Eignungsgebiete für die Windenergie im Hinblick auf Repowering-Potenziale zu analysieren.

14.1 Analyse der Vorrang- und Eignungsgebiete in Westsachsen

Gegenstand der Analyse[1] ist der im Jahr 2008 in Kraft getretene „Regionalplan Westsachsen 2008" (RPW 2008). Er weist 22 Vorrang- und Eignungsgebiete (VE-Gebiete)[2] für Windenergie aus, die zwischen 5 ha und 240 ha groß sind. Sie belegen eine Fläche von 1.145 ha bzw. 11,45 km²,

---

[1] Die Analyse basiert auf denselben Winddaten wie diejenige in Abschnitt 9. Eine ähnliche Untersuchung haben Ohl/Eichhorn (2010) für Westsachsen mit Daten des DWD (2007) und Interpolationen dieser Daten durchgeführt. Die Analysen zeigen, wie sensibel die Ergebnisse auf eine veränderte Ausgangslage bei den Winddaten reagieren. Zu den in diesem Abschnitt dargestellten Ergebnissen haben sich teils deutliche Abweichungen gezeigt. Für die Bewertung der Flächennachfrage seitens der WEA-Betreiber sind die hier verwendeten Daten besser geeignet, da sie im Unterschied zu den DWD-Daten zusätzlich Ertragsdaten bestehender WEA bei der Modellierung berücksichtigen.

[2] Zur Terminologie und rechtlichen Bedeutung von VE-Gebieten siehe Abschnitt 4.

*Abbildung 14.1: Lage der VE-Gebiete und Energieertragspotenzial
für WEA-Typ I in Westsachsen*

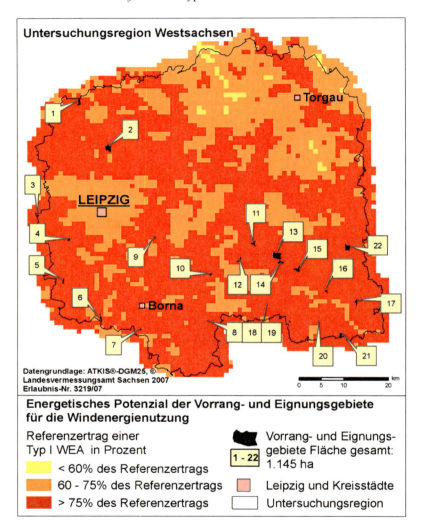

Untersuchungsregion Westsachsen

□ Torgau

1

2

3

LEIPZIG
□

11

4

13

15

22

9

16

5

10

12   14

6

□ Borna

17

8   18   19

7

20   21

Datengrundlage: ATKIS®-DGM25, ©
Landesvermessungsamt Sachsen 2007
Erlaubnis-Nr. 3219/07

km
0   5   10   20

**Energetisches Potenzial der Vorrang- und Eignungsgebiete
für die Windenergienutzung**

Referenzertrag einer
Typ I WEA in Prozent

☐ < 60% des Referenzertrags

☐ 60 - 75% des Referenzertrags

☐ > 75% des Referenzertrags

1 - 22   Vorrang- und Eignungsgebiete Fläche gesamt:
1.145 ha

☐ Leipzig und Kreisstädte

☐ Untersuchungsregion

entsprechend 0,26% der Gesamtfläche der Planungsregion.[1] Die Lage der VE-Gebiete ist den Abbildungen 14.1 und 14.2 zu entnehmen. Die Ausweisung der Gebiete basiert auf einem ähnlichen Verfahren wie es in Abschnitt 8 beschrieben wurde. Da VE-Gebiete noch relativ junge Planungsinstrumente sind (vgl. Abschnitt 4), befinden sich aktuell auch WEA außerhalb der 22 ausgewiesenen VE-Gebiete und können dort unter Bestandsschutz weiter betrieben werden (RPW 2008). Die große Mehrzahl der WEA, die zumeist zwischen 1994 und 2009 in Betrieb genommen wurden, steht heute aber in den 22 VE-Gebieten. Deren Kapazität ist damit allerdings weitgehend ausgeschöpft, so dass der weitere Ausbau der Windenergienutzung in der Region zum großen Teil vom Repowering abhängt (vgl. auch Ohl/Eichhorn 2008).

Da die im EEG vorgesehene finanzielle Förderung des Repowering nur für solche WEA gewährt wird, die mindestens zehn Jahre in Betrieb sind, wäre ein vollständiges Repowering in Westsachsen frühestens bis Ende 2017 möglich. Weil Neuanlagen im Gegensatz zu den vor 2004 in Betrieb genommenen Altanlagen unter das novellierte EEG fallen, ist die Überprüfung der Erfüllung des EEG-Referenzertragskriteriums ein entscheidendes Kriterium bei der Analyse des Repowering-Potenzials (vgl. Abschnitt 11). Ferner werden immissionsschutzrechtliche und regionalplanerische Bestimmungen im Hinblick auf einzuhaltende Höhenbegrenzungen und Mindestabstände zu Siedlungen zugrunde gelegt (vgl. Abschnitt 8). Die folgende Analyse basiert auf Berechnungen für die WEA-Typen I und II, die den heutigen Stand der Technik repräsentieren und ältere WEA effektiv repowern können. Die wichtigsten technischen Daten beider WEA-Typen sind in Tabelle 8.1 in Abschnitt 8 aufgeführt.

Zunächst werden die Repowering-Bedingungen für *WEA-Typ I* analysiert. Dazu werden als typspezifische Parameter der EEG-Referenzertrag von 5,7 GWh/a (60% davon entsprechen 3,4 GWh/a) und ein Flächenbedarf von 4,6 ha (berechnet nach der Kippabstandsformel[2]) eingeführt. Aus den gegebenen technischen Daten und den Vorgaben des BImSchG errechnen sich somit für Typ I Mindestabstände von 800 m zu Wohn-

---

[1] Alter Gebietsstand vor dem 1. August 2008, zur Regionsabgrenzung vergleiche Abschnitt 5.

[2] Die verschiedenen Methoden zur Kalkulation des Flächenbedarfs von WEA diskutieren Ohl/Monsees (2008).

bzw. 500 m zu Mischgebieten.[1] Überdies verlangt der Regionalplan Westsachsen, dass auf Standorten, die weniger als 750 m von Siedlungen entfernt sind, die Gesamthöhe einer WEA 100 m nicht überschreiten darf. WEA die sich in der Zone zwischen 750 und 1.000 m von Siedlungen entfernt befinden, müssen zu diesen einen Abstand aufweisen, der mindestens das Zehnfache der Nabenhöhe beträgt (RPW 2008). Im Fall von Typ I mit einer Nabenhöhe von ca. 80 m sind das 800 m. Von 22 VE-Gebieten genügen nur drei (Nr. 2, 13, 22) diesen Anforderungen, und dies nur in einem Teilbereich. Die übrigen VE-Gebiete sind entweder zu klein oder zu nahe an Siedlungen gelegen. Im Ganzen liegen gerade einmal 323 ha (28%) der gesamten VE-Gebietsfläche von 1.145 ha außerhalb der 800 m-Linie. Neben diesen auf alle VE-Gebiete anzuwendenden Bestimmungen ist in zwei VE-Gebieten (Nr. 1, 2) in der Nähe des Flughafens Leipzig-Halle, die WEA-Gesamthöhe strikt begrenzt auf 100 m, unabhängig vom Siedlungsabstand. Diese Gebiete mit zusammen 109 ha sind deshalb gänzlich ungeeignet für ein Repowering mit Typ I (Gesamthöhe 121 m). Von der insgesamt ausgewiesenen VE-Fläche können somit letztlich nur 214 ha (19%) für ein Repowering mit Typ I überhaupt in Erwägung gezogen werden.

Abgesehen von der eingeschränkten Nutzbarkeit der VE-Gebiete für das Repowering infolge der Höhen- und Abstandsvorgaben wird ihre tatsächliche Inanspruchnahme entscheidend vom betriebswirtschaftlichen Kalkül der WEA-Betreiber bestimmt. Wesentliche Determinanten dieses Kalküls sind die erzielbaren Stromerlöse, die wiederum davon abhängen, ob ein bestimmter WEA-Typ am betrachteten Standort mindestens 60% des für ihn definierten EEG-Referenzertrags erreicht (vgl. Abschnitt 11.2). Wie Abbildung 14.1 entnommen werden kann, liegen alle 22 VE-Gebiete sogar über 75% des Referenzertrags für Typ I. Darüber hinaus liegt fast die gesamte Planungsregion Westsachsen bis auf wenige Standorte im Norden und Osten über der 60%-Schwelle.[2] Von daher besteht für WEA-Betreiber ein zumindest prinzipieller ökonomischer Anreiz den WEA-Typ I für das Repowering älterer WEA-Typen einzusetzen.

---

[1] Vereinfachend wird in dieser Analyse nur mit dem größeren der beiden Mindestabstände gearbeitet, vergleiche Abschnitt 15.

[2] Bei Ohl/Eichhorn (2009) verbleibt nach Berücksichtigung von Höhen- und Abstandsvorgaben und Referenzertragskriterium für ein Repowering mit WEA-Typ I in Westsachsen nur 1 ha (0,1%) der insgesamt ausgewiesenen VE-Gebietsfläche.

In gleicher Weise werden nun die Repowering-Bedingungen für den etwas größeren *WEA-Typ II* analysiert. In diesem Fall werden als weitere typspezifische Untersuchungsparameter ein Flächenbedarf von 7,1 ha pro WEA und der EEG-Referenzertrag von 6,9 GWh/a (60% davon entsprechen 4,1 GWh/a) zugrunde gelegt. Folglich müsste ein WEA-Betreiber mit Typ II 20% mehr Strom am gleichen Standort erzeugen als mit Typ I, um in den Genuss der EEG-Förderung zu kommen. Dies wird aber dadurch erleichtert, dass der Rotor bei Typ II höher positioniert ist und die Winde mit zunehmender Höhe sowohl stärker als auch konstanter wehen. Wie in Abbildung 14.2 zu sehen, liegen die erwarteten Erträge trotz der anspruchsvolleren EEG-Vorgabe auch für Typ II in allen 22 VE-Gebieten über 75% des Referenzertrags. Das 60%-Kriterium erfüllt Typ II ausnahmslos in der gesamten Untersuchungsregion Westsachsen. Auch WEA-Typ II kommt damit EEG-seitig generell für ein Repowering in Frage.[1]

Allerdings errechnet sich mit den Vorgaben des BImSchG und des Regionalplans Westsachsen für WEA-Typ II aufgrund seiner größeren Naben- und Gesamthöhe mit 1.000 m auch ein größerer Mindestabstand zu Siedlungen als für Typ I. Unter diesen Bedingungen sind dann von der insgesamt ausgewiesenen VE-Fläche letztlich nur 82 ha (7%), die in drei von 22 VE-Gebieten (Nr. 2, 13, 22) liegen, überhaupt für Typ II geeignet. Berücksichtigt man ferner die Höhenbegrenzung um den Flughafen Leipzig-Halle entfällt auch noch VE-Gebiet Nr. 2, so dass für Typ II im Endeffekt nur 47 ha (4%) als geeignete Standorte verbleiben.

Als Fazit bleibt festzuhalten, dass von der energetischen Seite (EEG-Vergütung) beide betrachteten WEA-Typen für ein Repowering in den VE-Gebieten Westsachsens gut geeignet sind. Einschränkungen für die Einsatzmöglichkeiten für beide WEA-Typen resultieren jedoch aus den heute geforderten Mindestabständen zu Siedlungen. Dies gilt vor allem für WEA-Typ II, während der Einsatz von Typ I hierdurch nicht ganz so stark eingeschränkt wird.

---

[1] Für WEA-Typ II verbleiben bei Ohl/Eichhorn (2009) noch 23 ha (2%) der insgesamt ausgewiesenen VE-Gebietsfläche.

Abbildung 14.2: Lage der VE-Gebiete und Energieertragspotenzial
für WEA-Typ II in Westsachsen

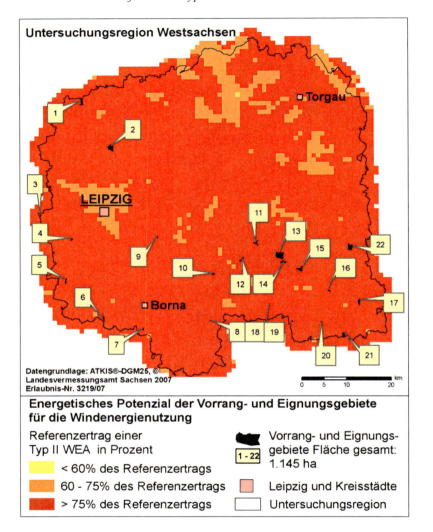

14.2 Analyse der Vorrang- und Eignungsgebiete in Nordhessen

Grundlage dieser Analyse[1] ist der am 15. März 2010 in Kraft getretene „Regionalplan Nordhessen 2009" (im Weiteren zitiert als RPN 2009), der Gebiete für die Windenergienutzung ausweist, diese jedoch anders benennt als der Regionalplan Westsachsen. Während man in Westsachsen von ‚VE-Gebieten' spricht, werden in Nordhessen ‚Vorranggebiete' ausgewiesen. Unter Bezugnahme auf das Hessische Landesplanungsgesetz (§ 6 Abs. 3 Satz 2 HLPG) wird jedoch die Errichtung von WEA außerhalb der ausgewiesenen Vorranggebiete ausgeschlossen (RPN 2009, 156). Mithin haben diese Gebiete genau dieselbe rechtliche Wirkung wie VE-Gebiete. Aus Gründen der besseren Vergleichbarkeit mit Westsachsen werden deshalb im Rahmen dieser Analyse die Vorranggebiete in Nordhessen gleichfalls als VE-Gebiete angesprochen.[2] Ein weiterer Unterschied zur Regionalplanung in Westsachsen ist, dass der Regionalplan Nordhessen zwischen VE-Gebieten ‚Bestand' und VE-Gebieten ‚Planung' differenziert.

Wie in den Abbildungen 14.3 und 14.4 zu sehen, sind im Gebiet der Untersuchungsregion Nordhessen – die nur einen Teil der Planungsregion abdeckt (zur Regionsabgrenzung vgl. Abschnitt 5) – 18 VE-Gebiete ‚Bestand' (Nr. 1 – 18) mit zusammen 1.073 ha sowie 17 VE-Gebiete ‚Planung' (Nr. 19 – 35) mit insgesamt 1.025 ha ausgewiesen. Die Größe der einzelnen VE-Gebiete variiert zwischen 5 ha und 114 ha. Alle 35 VE-Gebiete zusammen ergeben eine Fläche von 2.098 ha oder 20,98 km² (RPN 2009, 161 ff.). Mit 0,44% ist der Flächenanteil der VE-Gebiete an der Gesamtfläche der Untersuchungsregion hier fast doppelt so hoch wie in der Planungsregion Nordhessen insgesamt (0,29%) oder auch in der Untersuchungsregion Westsachsen (0,26%). Die Ausweisung folgt grundsätzlich einem Verfahren wie es in Abschnitt 8 beschrieben wurde und so ähnlich auch in Westsachsen angewendet wird. Jedoch gibt es im Regionalplan Nordhessen keine Höhenbegrenzungen für WEA. Dafür kommt hier hinzu, dass einige Ausschlusskriterien zwischen VE-Gebieten ‚Bestand' und ‚Planung' differenzieren. So müssen VE-Pla-

[1] Eine ähnliche Untersuchung wurde von Monsees et al. (2010) für Nordhessen durchgeführt, jedoch – ebenso wie im Falle Westsachsens – mit Daten des DWD (2007) und zum Teil Interpolationen dieser Daten (vgl. Fußnote 1, Seite 143).

[2] Zur Terminologie und rechtlichen Bedeutung solcher Gebietskategorien siehe Abschnitt 4

nungsgebiete Mindestabstände von 1.000 m zu Wohngebieten und 500 m zu Gewerbegebieten aufweisen, während die entsprechenden Mindestabstände für VE-Bestandsgebiete nur 750 m bzw. 300 m betragen. Zudem ist für VE-Planungsgebiete eine Mindestgrundfläche von 20 ha vorgeschrieben, es sei denn sie grenzen unmittelbar an ein VE-Bestandsgebiet an (a.a.O.).[1] Ferner liegt der Norden der Untersuchungsregion im Einflussbereich einer militärischen Radarstation, weshalb vergrößerte Mindestabstände zwischen den WEA von 750 m angesetzt wurden. Dies betrifft 43% (901 ha) der VE-Gebietsfläche.

Die Auswirkungen dieser Vorgaben für ein Repowering werden wiederum für zwei WEA-Typen analysiert. Die Analyse beginnt mit *WEA-Typ I*, dessen allgemeine technische Daten in Tabelle 8.1 angegeben sind. Weitere typspezifische Parameter sind der EEG-Referenzertrag von 5,7 GWh/a (wovon 60% oder 3,4 GWh/a nötig sind, um Anspruch auf EEG-Vergütung zu haben), ein Flächenbedarf von 4,6 ha und Mindestabstände nach BImSchG von 800 m zu Wohn- bzw. 500 m zu Mischgebieten.[1] Abbildung 14.3 illustriert das energetische Potenzial von WEA-Typ I in Nordhessen. Es zeigt sich, dass in sämtlichen VE-Gebieten Nordhessens, ‚Bestand' wie ‚Planung', das EEG-Referenzertragskriterium erfüllt wird (> 60%). In den meisten VE-Gebieten können sogar mehr als 75% des Referenzertrags erzielt werden. Abseits der ausgewiesenen VE-Gebiete liegen in Nordhessen jedoch mehr Flächen unterhalb der 60%- und weniger Flächen oberhalb der 75%-Marke als in Westsachsen (vgl. Abbildung 14.1).

---

[1] Vereinfachend wird in dieser Analyse nur mit dem größeren der beiden Mindestabstände gearbeitet, vergleiche Unterkapitel 6.15.

*Abbildung 14.3: Lage der VE-Gebiete und Energieertragspotenzial
für WEA-Typ I in Nordhessen*

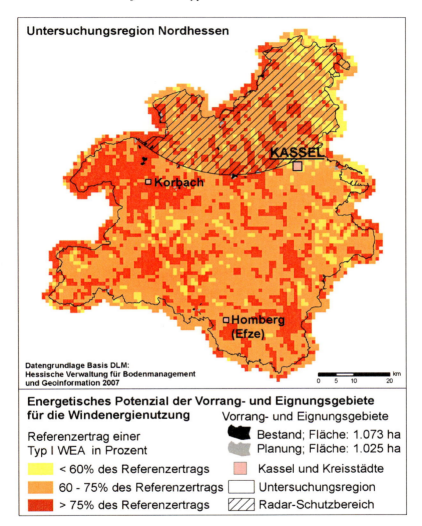

Abbildung 14.4: Lage der VE-Gebiete und Energieertragspotenzial
für WEA-Typ II in Nordhessen

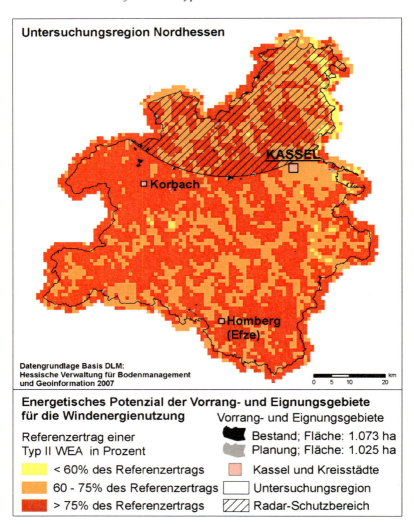

Aufgrund der gegenüber Westsachsen weniger restriktiven Abstands- und Höhenvorgaben im Regionalplan Nordhessen können WEA vom Typ I in allen 35 VE-Gebieten ohne Einschränkung betrieben werden. Allerdings ist der Ausnutzungsgrad der nördlich gelegenen 18 VE-Gebiete innerhalb der Radareinflusszone sehr stark abgesenkt durch den erhöhten Mindestabstand zwischen einzelnen WEA. Der Effekt dieser Vorgabe ist fast eine Verzehnfachung des durchschnittlichen Flächenbedarfs von 4,6 auf 44 ha pro WEA vom Typ I. Dementsprechend sinkt die WEA-Anzahl pro Windpark und folglich auch die produzierbare Energiemenge. Für die Untersuchungsregion insgesamt führt dies zu einem Verzicht auf 146 WEA vom Typ I bzw. 292 MW installierte Leistung, was in etwa gleichbedeutend ist mit einem Verlust von 700 GWh Windstrom pro Jahr.

Wie für Typ I werden nun die Repowering-Bedingungen für *WEA-Typ II* analysiert. Neben den allgemeinen technischen Daten (siehe Tabelle 8.1) werden ein Flächenbedarf von 7,1 ha pro WEA und der EEG-Referenzertrag von 6,9 GWh/a (60% davon entsprechen 4,1 GWh/a) zugrunde gelegt. Abbildung 14.4 zeigt, dass die erwarteten Energieerträge auch für WEA-Typ I in allen 35 VE-Gebieten oberhalb der 60%-Marke liegen und beinahe ausnahmslos auch oberhalb der 75%-Marke. Von Seiten der generellen EEG-Förderfähigkeit gibt es für ein Repowering mit WEA-Typ II somit keine Einschränkungen. Anders als in Westsachsen, gibt es in Nordhessen abseits der ausgewiesenen VE-Gebiete jedoch auch einige Flächen unterhalb der 60%-Marke sowie insgesamt weniger Flächen oberhalb der 75%-Marke (vgl. Abbildung 14.2). Möglicherweise ist dies ein Ausdruck der Regionsunterschiede zwischen Hessen und Sachsen im Relief und in der Landnutzung.

Obwohl für WEA-Typ II ein um 200 m größerer Mindestabstand zu Wohngebieten erforderlich ist, fällt das im Rahmen dieser Analyse kaum ins Gewicht. Zum einen weisen die VE-Gebiete ‚Planung' ohnehin einen Mindestabstand von 1.000 m auf. Zum anderen sind von den 18 VE-Gebieten ‚Bestand' auch nur wenige geringer als 1.000 m von Wohngebieten entfernt. Schwerer wiegen die berücksichtigten Einschränkungen durch den militärischen Radarbereich. Im Unterschied zu einer unbeschränkten Nutzbarkeit der betroffenen VE-Gebiete führt der erhöhte Mindestabstand von 750 m zwischen benachbarten WEA zu einem Verzicht auf 77 WEA vom Typ II mit 231 MW installierter Leistung bzw. rund 470 GWh/a. Der Verlust fällt damit um etwa ein Drittel kleiner aus als bei Typ I. Dies liegt daran, dass größere WEA (wie Typ II) schon aus betrieblichen Gründen generell in größeren Abständen voneinander errichtet werden als kleinere WEA (wie Typ I).

Als Fazit bleibt festzuhalten, dass von der energetischen Seite (EEG-Vergütung) beide betrachteten WEA-Typen für ein Repowering in den VE-Gebieten Nordhessens gut geeignet sind.

15 Grenzen der Modelle

*Karin Johst, Jan Monsees, Marcus Eichhorn,
Jürgen Meyerhoff und Martin Drechsler*

Im Zentrum des *FlächEn*-Projekts steht ein integratives ökologisch-ökonomisches *Modell* zur Ermittlung der wohlfahrtsoptimalen Allokation von WEA, das sich selbst wieder auf andere Modelle stützt. Bei der Anwendung von Modellen und Modellergebnissen sollte man sich stets bewusst sein, dass generell jedes Modell eine Vereinfachung bzw. Idealisierung von natürlichen oder sozialen Prozessen darstellt und auf bestimmten Annahmen beruht. Welche Annahmen gemacht werden und wie ein Modell letztlich aussieht, ist wesentlich von der Fragestellung abhängig, die mit dem Modell bearbeitet werden soll. Modelle haben zwei große Vorzüge: Verständnisgewinn und Vorhersagefähigkeit. Modelle helfen zu verstehen, welche Konsequenzen bestimmte Annahmen für das Gesamtsystem bzw. eine Zielgröße haben. Mit Modellen kann man ein Verständnis der funktionalen Zusammenhänge zwischen verschiedenen Teilprozessen oder bestimmten Einflussfaktoren gewinnen, die Konsequenzen bestimmter Änderungen besser verstehen und entscheidungsrelevante Faktoren ableiten. Auf dieser Basis kann man mit Modellen Vorhersagen machen oder Entscheidungshilfen entwickeln.

Bei der Verwendung von Modellvorhersagen sollte man sich jedoch deren *Unsicherheiten* bewusst sein. Unsicherheit kann beispielsweise in den Daten, Parametern oder Prozessen vorliegen, die in das Modell eingehen und zu Unsicherheiten im Modellergebnis führen. Aufgrund dieser Unsicherheiten sollte jedes Modell sowohl einer Unsicherheitsanalyse als auch einer Sensitivitätsanalyse (Saltelli et al. 2000) unterzogen werden. In einer Unsicherheitsanalyse wird getestet, welche Unsicherheit in den Parametern oder Eingangsdaten eine wie große Unsicherheit im Ergebnis bewirkt. In einer Sensitivitätsanalyse testet man, wie stark welche Parameter das Ergebnis beeinflussen. Dazu werden die Modellparameter, die unsicher sind, variiert und die dazugehörige Variation im Modellergebnis analysiert. In der Kombination ergeben diese beiden Analysen Hinweise auf Schlüsselprozesse und Schlüsselparameter, die das Modellergebnis entscheidend beeinflussen können. Die entsprechenden Daten, auf denen solche Parameter basieren, müssen deshalb besonders sorgfältig in ihren Auswirkungen analysiert werden. Diese können sowohl qualitativer als auch quantitativer Natur sein. Es können sich beispielsweise die Zahlenwerte von Zielgrößen ändern, ihre Rangfolge aber dabei erhalten bleiben oder sich ebenfalls ändern. Gerade das Ändern solcher Rangfolgen ist eine wichtige Information aus einer Sensitivitätsanalyse, die wesentlich zur Identifizierung entscheidungsrelevanter Faktoren beiträgt und sich auf die Ableitung von Handlungsempfehlungen auswirkt.

Unsicherheiten traten im *FlächEn*-Projekt auf in Bezug auf die Modellierung der energiepolitischen Zielvorgaben (Abschnitt 3) und die Berücksichtigung rechtlicher Rahmenbedingungen (Abschnitt 4), ferner bei der Ermittlung der Zahlungsbereitschaft der Bevölkerung (Abschnitt 6), der Ermittlung des Eignungsraumes (Abschnitt 8), der energetischen (Abschnitt 9), und naturschutzfachlichen Bewertung (Abschnitt 10) und der betriebswirtschaftlichen Kosten der Windenergiegewinnung (Abschnitt 11).

Während der Projektlaufzeit sind seitens der *Politik* keine regionalisierten quantitativen Zielvorgaben für die Windstromproduktion gemacht worden. Deshalb sind im *FlächEn*-Projekt die Mengenziele für die Modellierung der Windenergieproduktion in beiden Untersuchungsregionen aus den allgemeinen Zielen der Bundesregierung zum Ausbau erneuerbarer Energien auf nationaler Ebene (Verdopplung des Ausgangswerts im Jahr 2007 bis 2020) abgeleitet worden. Die Plausibilität dieser Mengenziele wurde anhand einer Auswertung vorhandener Prognosen und Szenarien überprüft (Abschnitt 3). Eine Veränderung des Mengenziels hat unmittelbare Rückwirkungen auf den in Anspruch genommenen Raum für die Nutzung der Windenergie, die daraus resultierenden Konflikte mit anderen Landnutzungen und damit auch auf die Höhe der externen Effekte. Das Ausmaß der Auswirkung höherer politischer Zielvorgaben ist im Rahmen der Sensitivitätsanalyse in Abschnitt 13 quantifiziert worden.

Ein Modell kann die vom *Recht* geforderte Einzelfallbetrachtung nicht abbilden. So sind Entscheidungen über die Zulässigkeit einer WEA vom konkreten Standort abhängig, bei dem zum Beispiel auch die Wirkungen der Anlage auf die Landschaft oder denkmalschutzrechtliche Objekte zu berücksichtigen sind. Auch konnten standortspezifische Vorbelastungen (z.B. Lärm, Umgebung) in das Modell nicht einfließen, weil entsprechende Daten nicht verfügbar waren. Die Komplexität des rechtlichen Abwägungsvorgangs und die Anforderungen an diesen spiegeln sich in der umfangreichen Rechtsprechung zu Plänen, die Windenergienutzung betreffend, wider. Auch der Abschnitt 4 zu den rechtlichen Rahmenbedingungen kann daher nur einen groben Ausschnitt des rechtlichen Prüfungsumfangs wiedergeben, zumal sich landesrechtliche Anforderungen unterscheiden und in der Praxis neben den gesetzlichen Anforderungen für Entscheidungsträger Verwaltungsvorschriften einschlägig sind.

Wie in Abschnitt 8 bereits angedeutet, wurden bei der Ermittlung des *Eignungsraums* zum einen nicht alle möglichen Ausschlusskriterien berücksichtigt (vgl. auch Abschnitt 4), zum anderen aber auch Flächen ausgeschlossen, die unter Umständen bei einer Einzelfallprüfung die Errichtung von WEA zulassen würden. Das bedeutet einerseits, dass Standorte in die Analyse eingegangen sind, die mitunter nicht genehmigungsfähig wären. Dies betrifft insbesondere eine Prüfung der Standorte bezüglich einzelner planungsrechtlicher Festlegungen, da hierfür keine Daten zur Verfügung standen. Andererseits wurden mit hoher Wahrscheinlichkeit auch potenzielle Standorte ausgeschlossen, die eigentlich dem Eignungsraum angehören. So führt der für die Untersuchungsregionen homogen definierte Grenzwert von 40 dB(A) dazu, dass oftmals, zum Beispiel in der Nähe von Industrie- oder Gewerbegebieten, mehr Flächen ausgeschlossen wurden als immissionsschutzrechtlich notwendig. Bezogen auf die Zielsetzung und die Maßstabsebene der Untersuchung können die sich aus den Generalisierungen und Vereinfachungen ergebenden Ungenauigkeiten allerdings als vernachlässigbar angesehen werden.

Unsicherheiten in Bezug auf die Verteilung der Windgeschwindigkeiten ergeben sich im Wesentlichen aus der Tatsache, dass *Winddaten* unterschiedlicher Anbieter vorlagen (Abschnitt 9), die voneinander abweichen. Es handelt sich bei diesen Anbietern zum einen um den Deutschen Wetterdienst (DWD) und zum anderen um ein zertifiziertes privates Gutachterbüro. Der Einsatz von Daten verschiedener Anbieter erfolgte aus mehreren Gründen. Der DWD bot die Möglichkeit, die benötigten Daten, wenn auch nur für den WEA-Typ I, bereits zu Beginn der Projektlaufzeit zu erhalten. Erste Analysen wurden mit diesen Daten durchgeführt. Darüber hinaus sind die Daten des DWD verhältnismäßig günstig zu beschaffen und können damit für Regionale Planungsstellen eine Möglichkeit sein, mit einem vertretbaren finanziellen Aufwand Winddaten zu erwerben.

Im weiteren Verlauf des Projekts wurden für die anderen Nabenhöhen zunächst interpolierte Werte der DWD-Daten verwendet. Aufgrund der großen Unsicherheit bei der Interpolation[1] wurden für die anderen Nabenhöhen Daten eines privaten Gutachterbüros erworben. Um eine Vergleichbarkeit der Datensätze zu gewährleisten, wurden über dieses private Gutachterbüro auch Daten für den WEA-Typ I erworben. In den Optimierungsprozess gingen letztlich nur die Daten des privaten Gutachterbüros ein. Zum einen, weil sie den Fokus der Betreiber besser abbilden als die DWD-Daten (die Winddaten beinhalten neben einer klimatologischen Bewertung auch einen Abgleich mit Daten bestehender WEA). Zum anderen, weil eine Vergleichbarkeit der Erträge zwischen den Anlagentypen ermöglicht wird (gleiche Datenbasis für alle betrachteten WEA-Typen).

Eine Gegenüberstellung der zu erwartenden Energieerträge basierend auf den Daten des DWD und des Gutachterbüros zeigt in Teilen der Untersuchungsregionen deutliche Unterschiede. In Westsachsen zeigte sich, dass unter Verwendung der DWD-Daten die zu erwartenden Energieerträge geringer ausfallen als mit den privaten Gutachterdaten (vgl. Abbildungen 15.1a und 15.1c). In Nordhessen ergab sich dagegen teilweise das umgekehrte Bild, denn im äußeren Westen der Region lagen die Energiewerte basierend auf den DWD-Daten über denen des privaten Gutachterbüros (vgl. Abbildungen 15.1b und 15.1d).

Besonders deutlich sind die Unterschiede in Bezug auf das Erreichen des Schwellenwerts von 60% des WEA-Referenzertrags, der Voraussetzung für die Gewährung der EEG-Vergütung ist (vgl. Abschnitt 11). In Westsachsen erreichen unter Verwendung der DWD-Daten nur 8% der Regionsfläche das Referenzertragskriterium, unter Verwendung der Gut-

---

[1] Die Interpolation wurde basierend auf der Zunahme des Energieertrags um 1 % je zusätzlichem Höhenmeter bei einer Nabenhöhe der WEA bis 100 m und ab 100 m um 0,5 % berechnet.

achterdaten dagegen rund 99%. Die Differenz von 91% erscheint auf den ersten Blick sehr dramatisch. Sie ist aber damit zu erklären, dass ein Großteil der Flächen, deren Energieertragswerte mittels der DWD-Daten berechnet wurden, nur knapp unterhalb des Referenzertragskriteriums liegen. Somit führt bereits ein geringfügig höherer Energieertrag zu dessen Erreichen. In Nordhessen erreichen unter Verwendung der DWD-Daten etwa 78% der Regionsfläche das Referenzertragskriterium und unter Verwendung der Gutachterdaten etwa 91%.

Es zeigte sich, dass Unterschiede in den Winddaten im Detail zwar die kosteneffiziente Allokation von WEA beeinflussen und zu quantitativen Veränderungen, zum Beispiel bezüglich der Windstromgestehungskosten führen können. Die Fehler sind jedoch nicht sehr groß, das heißt viele Standorte, die unter Verwendung eines Datensatzes wohlfahrtsoptimal sind, sind dies auch unter Verwendung des anderen Datensatzes. Die identifizierten qualitativen Ergebnisse, dass beispielsweise eine Absenkung der EEG-Vergütungen zu einer Erhöhung der externen und einer Verminderung der Produktionskosten führen, und dass bei einer zu starken Absenkung das Energieziel nicht erreicht werden kann (vgl. Abschnitt 13), bleiben davon unbeeinflusst. Diese unterscheiden sich auch nicht sehr zwischen den Untersuchungsregionen Westsachsen und Nordhessen.

Auch bei der artenschutzfachlichen Bewertung des Eignungsraumes bzw. der potenziellen WEA-Standorte (Abschnitt 10) wurde mit verschiedenen Annahmen und Generalisierungen gearbeitet. Die verwendeten Horststandorte des *Rotmilans* stellen eine Momentaufnahme des jeweiligen Kartierzeitraums dar. Es wurden alle erhobenen Datenpunkte verwendet, unabhängig davon, ob zum Zeitpunkt der Aufnahme eine aktive Brut stattfand oder nicht. Damit sollte erreicht werden, dass alle bekannten Horststandorte berücksichtigt werden, da nicht ausgeschlossen werden kann, dass diese in einem anderen Jahr wieder zur Brut genutzt werden. Dadurch kann es aber zu einer Überschätzung des regionalen Bestands und damit auch zu einer Überschätzung des Einflusses der WEA auf die regionale Population kommen. Eine weitere Quelle für Unsicherheiten stellt die Annahme dar, dass sich der Rotmilan mit gleicher Wahrscheinlichkeit in alle Richtungen um den Horst auf Nahrungssuche begibt, was in der Realität nicht der Fall ist. Es kann dadurch zur Überbzw. Unterschätzung des Kollisionsrisikos an einzelnen WEA-Standorten kommen. Insgesamt mitteln sich diese Ungenauigkeiten auf der regionalen Ebene jedoch aus.

Abbildung 15.1: Vergleichende Darstellung der Energieerträge für WEA- Typ I basierend auf Winddaten des DWD (oben) und des privaten Gutachterbüros (unten) für Westsachsen (links) und Nordhessen (rechts)

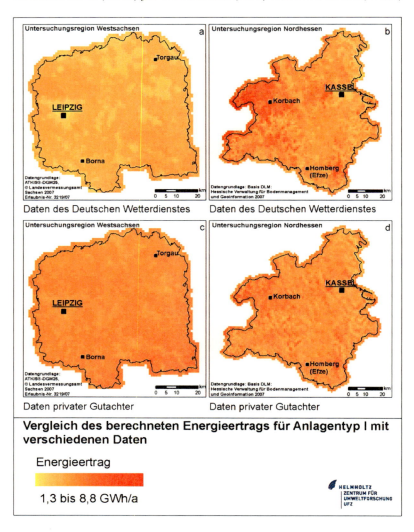

Zu lösen war ferner das Problem, dass über die *ökologische Impact-funktion* (Abschnitt 10) die Standorte zwar quantitativ aber nur auf einer abstrakten Skala bewertet werden können, während bei der Befragung (Abschnitt 6) nach Zahlungsbereitschaften zu Verlustraten in der Rotmilanpopulation gefragt wurde. Daher musste in Abschnitt 10 ein Umrechnungsfaktor abgeleitet werden, der den abstrakten Impact (Gleichung 10.2) in einen Populationsverlust umrechnet. Hierfür mussten recht grobe Annahmen gemacht werden (vgl. Gleichung 10.4), weshalb der Umrechnungsfaktor (α) ebenfalls Unsicherheiten unterliegt.

Die Berechnung der *betriebswirtschaftlichen Kosten* in Abschnitt 11 fußt zum Teil auf groben Vereinfachungen, die teils einer unzureichenden Datenlage und teils methodischen Problemen bei der Modellierung geschuldet sind. Dies betrifft sowohl die kalkulierten WEA-Anschaffungskosten als auch einzelne Bestandteile der Infrastruktur- und sonstigen Investitionsnebenkosten. Die auf Herstellerangaben beruhenden, im Modell kalkulierten WEA-Verkaufspreise stellen lediglich Momentaufnahmen aus dem Sommer 2009 dar. Sie können daher nicht die in den letzten Jahren zum Teil heftigen Preisschwankungen reflektieren, die ursächlich mit den volatilen Rohstoffmärkten für Stahl und Kupfer, den gleichfalls stark variierenden Finanzierungskonditionen sowie der von wechselnden politischen Rahmenbedingungen in zahlreichen Ländern bestimmten WEA-Nachfrage auf dem Weltmarkt zusammenhängen. WEA-Preise hängen zudem von den Bestellvolumina bzw. der Verhandlungsposition einzelner WEA-Betreiber ab, die somit individuell unterschiedliche Preise realisieren können. Hinzu kommt, dass nur zwei der modellierten WEA-Typen heute marktgängige Typen sind und in Serie produziert werden, während Typ III quasi noch ein Prototyp ist, von dem weltweit erst wenige WEA errichtet sind. Sollte dieser Typ in den nächsten Jahren einen Marktdurchbruch erleben, könnte dies die Herstellungskosten spürbar senken und entsprechende Preissenkungen nach sich ziehen. Damit könnte dieser WEA-Typ, der bisher nur an sehr windhöffigen Offshore- bzw. Küstenstandorten rentabel ist, sich irgendwann auch im Binnenland rentieren und dort per Repowering zu einer deutlichen Reduzierung der WEA-Anzahl und auf diese Weise auch zu einer Verminderung der negativen Externalitäten der Windstromproduktion beitragen.

Weil in Abschnitt 11 überwiegend mit pauschalierten Durchschnittswerten operiert wurde, ist ein konkreter Raumbezug zu den beiden Untersuchungsregionen nur rudimentär vorhanden. Räumlich explizit modelliert sind aber neben den Einträgen die Kosten des WEA-Anschlusses an das Stromnetz und damit die wichtigste standortspezifische Kostenkomponente, wenn auch stark vereinfacht. Die Schwierigkeit der Modellierung realitätsnäherer *Netzanschlussbedingungen* liegt hauptsächlich in den unterschiedlichen Spannungsebenen der Stromnetze – Mittelspannung (MS) bzw. Hochspannung (HS). Je nach verfügbarer Kapazität der Netze und installierter WEA-Leistung kann entweder der Anschluss mit einer kostengünstigeren MS-Leitung an das, in der Regel näher gelegene, MS-Netz in Frage kommen (bis 6 MW installierter WEA-Leistung, das heißt maximal 2 WEA vom Typ II oder 3 WEA vom Typ I), oder der Anschluss mit MS-Leitung an die in der Regel weiter entfernte MS-Sammelschiene einer bereits vorhandenen Umspannstation (US) im HS-Netz (bis 30 MW installierter WEA-Leistung) oder der Anschluss mit einer teureren HS-Leitung und eigens für den Windpark neu zu errichtender US direkt an das HS-Netz (über 30 MW installierter WEA-Leistung).[1] Dabei besteht eine rekursive Beziehung zwischen installierter Leistung und Höhe der Anschlusskosten. Letztere nehmen pro MW mit der Zahl installierter WEA zwar tendenziell ab, doch bestehen Kostensprungeffekte, wenn von MS- auf HS-Leitung übergegangen wird und umgekehrt. Diese Kostensprünge, die Rekursivität und die Skaleneffekte sind schwer zu modellieren und wurden daher vernachlässigt, so dass in der vorliegenden Modellversion Windparks gegenüber Einzelstandorten tendenziell zu teuer erscheinen.

Ein weiteres Rekursivitätsproblem besteht bei der Ermittlung der potenziellen WEA-Standorte (Abschnitt 8) und der Auswahl der wohlfahrtsoptimalen Standorte (Abschnitt 12). Bei Siedlungsabständen über 1000 m könnte sowohl WEA-Typ I als auch WEA-Typ II errichtet werden; ab 1100 m auch Typ III. Bei der Optimierung sollte man grundsätzlich alle diese Optionen offenhalten. Da die Mindestabstände zwischen den einzelnen WEA aber von deren Größe abhängen (vgl Abschnitt 8), beeinflusst während des Optimierungsprozesses die Auswahl eines bestimmten WEA-Typs an einem bestimmten Ort das gesamte Punktraster der potenziellen Standorte in der Umgebung. Dieses wiederum beeinflusst die Bewertung der Standorte (Abschnitte 9 – 11) und damit die Grundlagen der Optimierung. Diese Rekursivität erschwert die Optimierung erheblich. Im Rahmen des *FlächEn*-Projekts wurde ein in der

---

[1] Die genannten Schwellenwerte sind der im Auftrag des BMU durchgeführten Studie FGE/FGH/ISET (2007) entnommen.

Mathematik übliches Verfahren zur Lösung dieses Problems gewählt: Man macht eine Annahme, löst das (Optimierungs-) Problem im Rahmen dieser Annahme und prüft anschließend, ob das Ergebnis mit der Annahme konsistent ist. Im vorliegenden Fall wurde in Abschnitt 8 angenommen, dass ab 1000 m Siedlungsabstand ausschließlich WEA-Typ II errichtet werden kann. Durch die Analysen in den Abschnitten 11 und 12 zeigte sich, dass diese Vorauswahl unter der Annahme, dass jede errichtete WEA betriebswirtschaftlich rentabel sein soll, wohlfahrtsoptimal ist.

Die marginalen *Zahlungsbereitschaften* für die Externalitäten unterliegen, wie in Abschnitt 6 dargelegt, statistischen Unsicherheiten von plus/minus 50%. Dies entspricht Variationsfaktoren f_L und f_D in Abbildung 13.1 zwischen 0,5 und 1,5. Die Auswirkung dieser Variationen auf die optimalen Niveaus der Externalitäten und der Produktionskosten sind überschaubar. Eine weitere Quelle für Unsicherheit ist die Diskontrate r. Wie in Abschnitt 6.4 dargelegt, gibt es gute Gründe, die externen Kosten zu diskontieren. Offen ist jedoch die Höhe der Diskontrate. Eine Variation der jährlichen Diskontrate vom Basiswert 3% auf 2% bzw. 5% hat praktische keine Auswirkungen auf die Ergebnisse. Abstrahiert man von einzelnen Standorten und betrachtet die Situation auf der regionalen Ebene, so sind die Modellergebnisse relativ robust gegenüber Fehlern in den Eingangsdaten.

Weitere Unsicherheiten hinsichtlich der ermittelten Zahlungsbereitschaften bestehen aufgrund möglicher Verzerrungen durch die Methode. Ein Aspekt, der im Projekt untersucht wurde, ist die Nichtbeachtung von Attributen bei der Auswahl von Programmen. Auch hier zeigte sich, dass ein Teil der befragten Personen nicht alle Attribute berücksichtigt. Jedoch kann auch hier wieder eingeschränkt werden, dass die Ergebnisse insofern robust sind, dass die Nichtbeachtung keine signifikanten Auswirkungen auf die Höhe der ermittelten Zahlungsbereitschaften hat.

Ferner basieren die verwendeten Modelle auf der Annahme, dass die Präferenzen aller befragten Personen durch den Mittelwert hinreichend beschrieben sind. Wie jedoch weitergehende Analysen gezeigt haben, liegt tatsächlich in beiden Regionen *Präferenzheterogenität* vor (siehe Abschnitt 6). Diese wurde jedoch bei der Optimierung (Abschnitt 12) und in der Sensitivitätsanalyse (Abschnitt 13) nicht berücksichtigt. Allerdings konnte, wie in Abschnitt 7 gezeigt wird, kein räumliches Muster erkannt werden, das heißt zwischen der Erfahrung schwacher oder starker Externalitäten aus der Windenergie und dem Wohnort besteht kein statistisch signifikanter Zusammenhang. Dadurch ist eine Optimierung der Windenergienutzung für Teilräume entsprechend unterschiedlich stark ausgeprägter Externalitäten, die insgesamt zu einer höheren Effizienz führen könnte, nicht möglich. Die Annahme, dass die verwendeten Zahlungsbereitschaften die Präferenzen in der Optimierung hinreichend widerspiegeln, scheint somit begründet.

Abschließend bleibt festzuhalten, dass im *FlächEn*-Projekt die Entwicklung des Optimierungsansatzes im Vordergrund stand und es nicht das Ziel war, präzise Einzelaussagen zu konkreten WEA-Standorten bezüglich ihrer betriebswirtschaftlichen Kosten und Externalitäten zu machen. Mit der in diesem Bericht auch kartographisch umgesetzten Lokalisierung volkswirtschaftlich optimaler WEA-Standorte wird deshalb auch nicht der Anspruch erhoben, dass diese und nur diese Standorte nun umgehend regionalplanerisch auszuweisen sind. Vielmehr soll innerhalb der in diesem Abschnitt angegebenen Modellgrenzen aufgezeigt werden, dass mit der ökologisch-ökonomischen Modellierung, kombiniert mit Choice Experimenten, wissenschaftliche Methoden zur Verfügung stehen, die das Standardinstrumentarium der Planung wesentlich erweitern und bereichern können. Beispielsweise können sie deutlich machen, was die Volkswirtschaft eine Verringerung des Abstands von WEA zu Siedlungen kosten würde, oder welche sozialen Kosten veränderte politische Energiezielvorgaben für den Artenschutz zur Folge hätten.

16 Zusammenfassung des Modellierungs- und Bewertungsverfahrens

Karin Johst

Windenergie zählt zu den für Deutschland sehr wichtigen erneuerbaren Energien, und ihre Nutzung wird in der Energiepolitik als Alternative zur Vermeidung der klimaschädlichen CO_2-Emissionen gesehen. Andererseits sind mit der Windenergienutzung auch Probleme verbunden, da sie das Landschaftsbild beeinträchtigen kann, Licht- und Schallemissionen erzeugt und negative Effekte auf den Naturschutz haben kann. Damit stellt sich die Frage, wie im Spannungsfeld zwischen klimapolitischen Zielen einerseits und regionaler Landnutzungspolitik andererseits eine nachhaltige Landnutzung unter Einbeziehung der Windenergie aussehen kann. In Zukunft werden sich die Landnutzungskonflikte verschärfen, weil nicht nur zahlreiche – zum Teil miteinander in Konflikt stehende – Ansprüche an das knapper werdende Gut „Land" gestellt werden, sondern auch aus dem Bereich der erneuerbare Energien unterschiedliche Nutzungsansprüche geltend gemacht werden. Speziell für die Windenergie tritt durch das Repowering (dem Ersetzen bestehender WEA durch moderne, leistungsfähigere Anlagen) noch ein weiterer Aspekt hinzu.

Im *FlächEn*-Projekt wurde deshalb ein *ökologisch-ökonomisches Optimierungsverfahren* entwickelt (vgl. Abbildung 16.1), welches es erlaubt, die wohlfahrtsoptimale räumliche Allokation von WEA in einer Planungsregion zu ermitteln, das heißt WEA in der betrachteten Region so aufzustellen, dass die volkswirtschaftlichen Kosten, zusammengesetzt aus betriebswirtschaftlichen und externen Kosten, bei der Produktion einer bestimmten Windenergiemenge minimiert werden.

*Abbildung 16.1: Schematische Darstellung des Modellierungs-
und Bewertungsverfahrens*

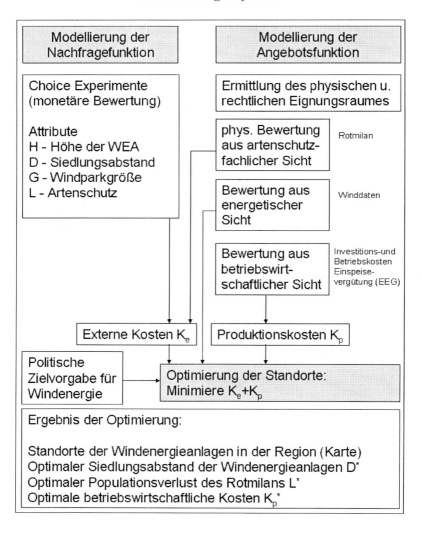

Dieser Modellierungs- und Bewertungsansatz beruht auf der Berücksichtigung einer Flächennachfrage- und -angebotsfunktion. Das Innovative dieses Ansatzes besteht in der Einbindung der *Nachfragefunktion* auf der Basis von so genannten Choice Experimenten.

Diese Experimente sind ein Instrument zur Erfassung und monetären Bewertung der unterschiedlichen Beeinträchtigungen der Bevölkerung und des Naturschutzes durch die Windenstromproduktion. Die Ermittlung der *Angebotsfunktion* stützt sich ebenfalls auf eine innovative Methodik, die neben der Berücksichtigung rechtlicher und planerischer Rahmenbedingungen speziell für das Projekt entwickelte Modelle zur Bewertung von Windenergiestandorten aus artenschutzfachlicher, energetischer und betriebswirtschaftlicher Sicht integriert.

Das *FlächEn*-Projekt konzentrierte sich auf zwei *Untersuchungsräume*: Westsachsen und Nordhessen, weil diese sich in Bundesländern mit bislang deutlich unterdurchschnittlicher Windenergienutzung befinden und dadurch in zunehmenden Maße Landnutzungskonflikten infolge des Ausbaus der Windenergieproduktion ausgesetzt sind. Mit diesen Regionen wird die für die Aufstellung von Regionalplänen und die Ausweisung von Vorrang- und Eignungsgebieten zur Windenergienutzung maßgebliche Maßstabsebene angesprochen.

Die entscheidenden Ergebnisse des *FlächEn*-Projektes für diese beiden Regionen sowie generelle Schlussfolgerungen werden im Folgenden noch einmal in der Reihenfolge unserer Verfahrensweise zusammengefasst.

Da seitens der Bundes- und Landespolitik keine konkreten, verbindlichen *Mengenziele* für die Windenergieerzeugung auf regionaler Ebene existieren, wurden nationale Zielvorgaben für die gesamte Gruppe der erneuerbaren Energien – gegenüber 2007 eine Verdopplung bis 2020 – eins zu eins auf die Windenergieerzeugung in den Planungsregionen Nordhessen und Westsachsen übertragen. Die ermittelten Zielwerte für die zu erzeugenden Energiemengen von 690 GWh in Westsachsen bzw. 540 GWh in Nordhessen basieren damit auf der Annahme, dass die Anteile der einzelnen erneuerbaren Energien konstant bleiben und alle Bundesländer und Planungsregionen in gleichem Verhältnis wie bisher zum Energieziel beitragen. Eine anschließende Überprüfung und Ableitung anhand vorliegender Prognosen und Ausbauszenarien ergab, dass die Zielvorgaben in beiden Regionen realisierbar sind.

In der ökonomischen Umweltbewertung haben sich *Choice Experimente* für die Bewertung externer Effekte zunehmend etabliert. Sie sind inzwischen auch wiederholt zur Bewertung der Auswirkungen von WEA auf Natur und Landschaft eingesetzt worden. Im *FlächEn*-Projekt wurden sie im Rahmen von Haushaltsbefragungen in beiden Untersuchungsregionen angewendet. Generell wird die Windenergie in beiden Regionen eher positiv bewertet und als eine wichtige Maßnahme zum Klimaschutz gesehen. Jedoch zeigen die Ergebnisse aus den Choice Experimenten, dass Auswirkungen von WEA auf Natur und Biodiversität (in unserem Fall exemplarisch Auswirkungen auf die Rotmilanvorkommen durch Kollisionseffekte) negativ bewertet werden und dass größere Distanzen der WEA zu Siedlungen relativ zu einem Ausgangszustand von 750 Metern positiv bewertet werden. Dagegen zeigen die Größe von Windparks und die maximale Höhe der WEA keinen Einfluss auf die Bewertung, wenn von einheitlichen Präferenzen der Befragten ausgegangen wird. Werden in den Auswertungsmodellen heterogene Präferenzen zugelassen, dann werden von Teilgruppen jeweils unterschiedlich große Windparks bevorzugt. Da die Bewertungen der Windparkgröße aber keinem klaren räumlichen Muster unterliegen, wurden weder die Höhe der WEA noch die Windparkgröße bei der Ermittlung der optimalen Allokation der WEA berücksichtigt.

Im *FlächEn*-Projekt wurde der *potenzielle Eignungsraum* für WEA unter Berücksichtigung der wesentlichen rechtlichen und planerischen Ausschlusskriterien sowie der Anforderungen der gewählten Referenz-WEA an Siedlungsabstände identifiziert. Im Ergebnis verbleibt für Westsachsen eine Fläche von 14.000 ha und für Nordhessen eine geringfügig kleinere Fläche von 11.000 ha, auf welcher WEA des Typ I errichtet werden könnten bzw. 5.200 ha in Westsachsen und 7.400 ha in Nordhessen für WEA vom Typ II. Damit ist der „potenzielle Eignungsraum" definiert, welcher für die Optimierung zur Verfügung steht und hierfür unter artenschutzfachlichen, energetischen und betriebswirtschaftlichen Gesichtspunkten bewertet wird.

Bei der Ermittlung des potentiellen Eignungsraumes ist dem *Natur- und Artenschutz* durch Ausschluss diverser Schutzgebiete bereits in vielfältiger Weise Rechnung getragen worden. Mögliche negative Auswirkungen von WEA außerhalb der Schutzgebiete wie zum Beispiel Kollisionen von Vögeln mit WEA sind dabei jedoch noch nicht berücksichtigt. Wie diesem für den Artenschutz wichtigen Faktor im Rahmen des Modellierungs- und Bewertungsverfahrens Rechnung getragen werden kann, wurde exemplarisch am Beispiel des Rotmilanschutzes untersucht. Basierend auf Datenerhebungen von Naturschutzbehörden zu Horststandorten der Rotmilane in Westsachsen und Nordhessen in Relation zu den potenziellen Windenergiestandorten im Eignungsraum wurde ein

(standortbezogener) Impactfaktor für Kollisionen entwickelt, der es erlaubt, das Bedrohungspotenzial einer jeden einzelnen WEA in der betrachteten Region für den Rotmilan zu quantifizieren und damit in Ver-
bindung mit den Ergebnissen aus den Choice Experimenten einer monetären Bewertung zugänglich zu machen.

Ob an den Standorten im potenziellen Eignungsraum tatsächlich WEA
errichtet werden sollten, hängt wesentlich vom *energetischen Potenzial*
der Standorte ab. Deshalb wurden im *FlächEn*-Projekt Daten zur Häufigkeitsverteilung der Windgeschwindigkeiten für die betrachteten Regionen erworben und daraus der zu erwartende jährliche Energieertrag einer
WEA räumlich explizit (as heißt für jeden potenziellen Standort) berechnet. Diese potenziellen Energieerträge erlauben eine Einteilung in produktive und weniger produktive Standorte in Relation zum Referenzertragskriterium des EEG für Windenergie. Die Ergebnisse unserer Analyse zeigen, dass in Westsachsen über 99% und in Nordhessen über 96%
des potenziellen Eignungsraums dieses Kriterium erfüllen.

In einer anschließenden *betriebswirtschaftlichen Bewertung* wurden
die Kosten zum Errichten und Betreiben einer WEA den Erlösen aus der
Stromproduktion gegenübergestellt. Ausgangspunkt der Berechnungen
war die Auswahl von drei Referenz-WEA, deren Verkaufspreise als
Basis für die Kalkulation der Kosten dienten. Für die Ermittlung der Gesamtinvestitionskosten wurden auf die typ-spezifischen Verkaufspreise
noch 10% zur Abdeckung von Infrastruktur- und sonstigen Investitionsnebenkosten aufgeschlagen. Weiterhin wurden jährliche Betriebskosten
in Höhe von 5% der Gesamtinvestitionskosten veranschlagt. Als Erlöse
wurden die im EEG vorgesehenen Vergütungen für Windstrom angesetzt. Da Investitionskosten nur bei Errichtung der WEA anfallen, Betriebskosten und EEG-Vergütungen aber periodisch wiederkehrende
Zahlungsströme darstellen, wurde im anschließenden Optimierungsverfahren mit den Barwerten bei 20-jähriger WEA-Nutzung operiert. Unter
Einbeziehung der bei der energetischen Bewertung ermittelten Energie-
potenziale konnten die WEA dann bezüglich ihrer betriebswirtschaftlichen Eignung bewertet werden.

Die *wohlfahrtsoptimale räumliche Allokation* von WEA in einer bestimmten Region wurde definiert als Erzeugung einer bestimmten jährlichen Menge an Windenergie in dieser Region zu minimalen volkswirtschaftlichen Kosten. Die volkswirtschaftlichen Kosten setzen sich zusammen aus den betriebswirtschaftlichen und den externen Kosten.

Letztere hängen sowohl vom Verlust an Rotmilanen ab, der durch Kollision mit WEA verursacht wird, als auch vom Mindestabstand der WEA zu Siedlungen. Durch die in den Choice Experimenten ermittelten Zahlungsbereitschaften können diese externen Kosten unmittelbar in Euro ausgedrückt werden. Dadurch konnte ein Optimierungsverfahren entwickelt werden, welches es erstmals erlaubt, nicht nur betriebswirtschaftliche, sondern auch externe Kosten der Windenergieproduktion in die Optimierung einzubeziehen und dadurch eine räumlich explizite (standortspezifische) wohlfahrtsoptimale Allokation ermöglicht. Das mathematische Verfahren berechnet die wohlfahrtsoptimalen WEA-Standorte innerhalb des potenziellen Eignungsraumes sowie die zugehörigen Populationsverluste des Rotmilans, den Mindestabstand der WEA zu Siedlungen und die betriebswirtschaftlichen Kosten. Es stellte sich heraus, dass sowohl die betriebswirtschaftlichen als auch die externen Kosten einen beträchtlichen Einfluss auf die optimale Auswahl der WEA-Standorte haben.

Insgesamt kann das vorgestellte Modellierungs- und Bewertungsverfahren einen wichtigen Beitrag zur planungs- und raumordnungsrechtlichen Verfahrenspraxis beim Ausweisen von Flächen für die Windstromproduktion leisten und durch die explizite Berücksichtigung der betriebswirtschaftlichen und externen Kosten Empfehlungen für eine wohlfahrtsoptimale räumliche Allokation von WEA in diesen Gebieten geben.

Anhang

17 Zu den Einsatzmöglichkeiten einer Visualisierungsanlage bei der Evaluierung von Bevölkerungspräferenzen

Björn Zehner

Bei Fragestellungen der Landschaftsplanung spielt die Meinung der Bevölkerung, insbesondere auch unter ästhetischen Gesichtspunkten, eine Rolle, weshalb häufig Befragungen der Bevölkerung eingesetzt werden, um diese Meinung zu evaluieren. Ein Beispiel hierfür sind die Choice Experimente in diesem Projekt (vgl. Abschnitt 6 und 7). Einige der dort gestellten Fragen betreffen die visuellen und ästhetischen Einwirkungen der WEA auf ihre Umgebung, beispielsweise die nach der Höhe der WEA oder der Größe der Windparks. Hierbei stellt sich jedoch die Frage, wie gut die interviewten Personen in der Lage sind, diese Fragen zu beantworten. Der größte Anteil der Bevölkerung wird keine Erfahrung damit haben, die visuelle Wirkung einer WEA von 120 m Höhe auf ihre Umgebung einzuschätzen und kann demzufolge auch keine Angabe dazu machen, ob eine 120 m hohe WEA als störender empfunden wird als zwei 80 m hohe WEA. Mögliche Abhilfe können hier Visualisierungen schaffen, zum Beispiel als Fotomontage anhand von Bildern der Landschaft oder als vollständig vom Computer generierte Visualisierung. Wie die Abbildung 17.1 verdeutlicht, ist die visuelle Wirkung hier jedoch zum Beispiel abhängig vom Öffnungswinkel des Objektivs welches der Ersteller der Visualisierung nutzt. Die Abbildung zeigt schematisch oben wie die WEA im Vergleich zu der Kirche wirkt, wenn man ein Weitwinkelobjektiv benutzt und relativ nahe an die Kirche herangeht und unten wie sie wirkt, wenn man die gleiche Aufnahme aus großer Entfernung mit einem Teleobjektiv macht. Während die eigentliche Szene für beide Bilder die gleiche ist, ist die visuelle Wirkung auf den Bildern sehr unterschiedlich.

Um die Szenerie so darzustellen, dass der Betrachter die Größenverhältnisse so wahrnimmt wie er das auch in der realen Landschaft tun würde, kann man die Methode der Virtuellen Realität verwenden, wofür allerdings ein entsprechendes Visualisierungslabor benötigt wird. Das Helmholtz-Zentrum für Umweltforschung – UFZ verfügt seit kurzem über eine solche Visualisierungseinrichtung (Abbildung 17.2). Das Display besteht aus einer 6 x 3 m großen Projektionsrückwand, zwei Seitenflügeln und einer Projektion auf den Boden. Um eine hohe Auflösung und eine gute Bildqualität zu erreichen, erfolgt die Bildgebung mit insgesamt 13 Projektoren, die von einem Computercluster angetrieben werden. Mit Hilfe von speziellen Brillen lässt sich ein stereoskopisches Bild erzeugen, so dass die Betrachter die Szene wirklich dreidimensional wahrnehmen. Ein sogenanntes Trackingsystem sorgt dafür, dass der Betrachter sich frei innerhalb des Displays bewegen kann und die perspektivische Darstellung der Szene immer sofort korrekt eingestellt wird.

Abbildung 17.1: Abhängigkeit der visuellen Wirkung
vom Öffnungswinkel des Objektivs

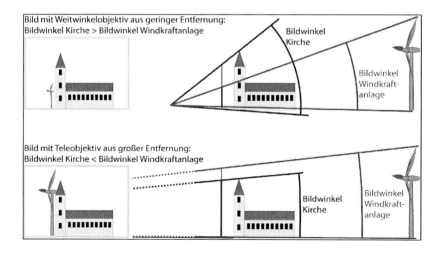

Displays wie das am UFZ werden bisher hauptsächlich bei großen Firmen, beispielsweise der Auto- oder Erdölindustrie, oder bei technisch orientierten Forschungsinstituten, zum Beispiel der Fraunhofer-Gesellschaft, eingesetzt, um dreidimensionale technische Fragestellungen zu bearbeiten. Der Einsatz in der Landschaftsplanung ist bisher eher selten, wird aber mit Hilfe von kleineren Anlagen bereits vereinzelt durchgeführt, zum Beispiel an der University of British Columbia in Kanada (*www.calp.forestry.ubc.ca*) oder am Macaulay Institut in Aberdeen in Großbritannien (*www.macaulay.ac.uk/landscapes*).

Abbildung 17.2: Demonstration im Visualisierungszentrum des UFZ

Im Rahmen der im *FlächEn*-Projekt durchgeführten Choice Experimente (siehe Abschnitte 6 und 7) wurde die oben angesprochene Problematik diskutiert, und es sollten Szenarien entworfen werden wie das Visualisierungszentrum eingesetzt werden könnte, um solche Befragungen in Zukunft zu unterstützen. Ferner war es ein Ziel, Personen, die beruflich mit der Planungspraxis zu tun haben mit den Möglichkeiten dieser Technologie vertraut zu machen. Hierfür musste zuerst erarbeitet werden, wie man eine virtuelle Landschaft für ein solches System anhand von GIS-Daten mit einem möglichst hohen Automatisierungsgrad generiert und abbildet. Wie in Zehner (2008) dargelegt, liegt hierbei ein Problem darin, dass die Bildgebung über 13 Projektoren erfolgt. Das Display wird daher von einem Computer-Cluster angetrieben, und es muss spezielle Software verwendet werden. Am Visualisierungszentrum des UFZ kommt hierfür die kommerzielle Software VRED der PI-VR GmbH zum Einsatz, welche auf die Open-Source Graphikbibliothek OpenSG aufbaut. Voraussetzung ihrer Verwendung im *FlächEn*-Projekt war zunächst die Durchführung einer Studie zur Arbeitsablaufgestaltung der Generierung einer digitalen Landschaft im OpenSG Format aus den vorhandenen Luftbildern und die Landnutzung beschreibenden GIS-Daten (z.B. Wald und Siedlungsflächen). Die digitalisierte Landschaft besteht aus einem digitalen Geländemodell und Wäldern, kann jederzeit mit zusätzlichen Modellen (z.B. Häusern) ergänzt werden und ist dank spezieller Optimierungen in Echtzeit lauffähig. Der gesamte Arbeitsablauf, die Optimierung und die verschiedenen verwendeten oder implementierten Software-Werkzeuge sind in Zehner (2008) beschrieben.

Die Software für das Visualisierungszentrum ist dafür konzipiert, statische Modelle vorzuführen. Im Rahmen dieser Studie sollte es jedoch möglich sein, dass man die Konfiguration des gezeigten Windparks interaktiv ändern kann, beispielsweise um auf Kritik der Befragten zu reagieren und ihnen andere mögliche Szenarien zu zeigen. Ferner sollte getestet werden, ob es möglich ist, die Benutzer weitgehend selbständig arbeiten zu lassen, ohne dass sie die gewünschten Änderungen zu einem Spezialisten hin kommunizieren müssen, welcher dann die Änderungen für sie vornimmt. Daher sollte die Benutzerschnittstelle sehr einfach zu bedienen sein, und die Verwendung von kommerziellen Modellierprogrammen kam nicht in Frage. Um dieses Szenario zu ermöglichen, wurde die kommerzielle Software VRED erweitert. Zwei Fenster zeigen jeweils eine Luftaufnahme des Gebietes und seiner Umgebung. Das Planungsfenster ist in der Abbildung 17.3 zu sehen und dient der Konfiguration des Windparks. Die Benutzer bekommen eine Luftaufnahme des potentiellen Planungsgebietes angezeigt. Sie können eine von mehreren Referenz-WEA auswählen, welche bezüglich Rotordurchmesser, Nabenhöhe und Nennleistung Modelle real existierender WEA sind, und diese WEA in der Luftaufnahme platzieren. Ein Kreis definiert den Flächenverbrauch damit die verschiedenen WEA nicht zu nahe beieinander eingefügt werden können. Die Benutzer können die platzierten WEA jederzeit verschieben, in andere WEA-Typen umwandeln oder wieder löschen. Zugleich bekommen sie jeweils die Nennleistung des gesamten Windparks angezeigt. In einem zweiten Fenster können die Benutzer interaktiv ihren Standpunkt auf der Karte festlegen, wobei der Blick immer in Richtung

Abbildung 17.3: Benutzerschnittstelle zur Planung eines Windparks im Visualisierungssystem TESSIN

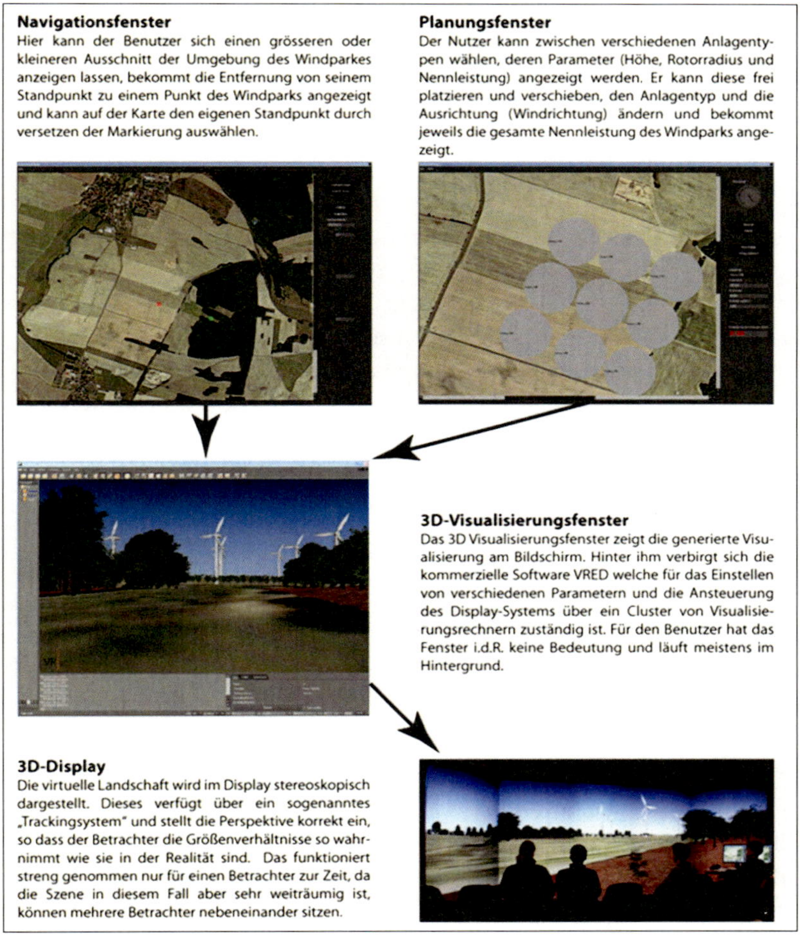

Navigationsfenster
Hier kann der Benutzer sich einen grösseren oder kleineren Ausschnitt der Umgebung des Windparkes anzeigen lassen, bekommt die Entfernung von seinem Standpunkt zu einem Punkt des Windparks angezeigt und kann auf der Karte den eigenen Standpunkt durch versetzen der Markierung auswählen.

Planungsfenster
Der Nutzer kann zwischen verschiedenen Anlagenty-pen wählen, deren Parameter (Höhe, Rotorradius und Nennleistung) angezeigt werden. Er kann diese frei platzieren und verschieben, den Anlagentyp und die Ausrichtung (Windrichtung) ändern und bekommt jeweils die gesamte Nennleistung des Windparks ange-zeigt.

3D-Visualisierungsfenster
Das 3D Visualisierungsfenster zeigt die generierte Visu-alisierung am Bildschirm. Hinter ihm verbirgt sich die kommerzielle Software VRED welche für das Einstellen von verschiedenen Parametern und die Ansteuerung des Display-Systems über ein Cluster von Visualisie-rungsrechnern zuständig ist. Für den Benutzer hat das Fenster i.d.R. keine Bedeutung und läuft meistens im Hintergrund.

3D-Display
Die virtuelle Landschaft wird im Display stereoskopisch dargestellt. Dieses verfügt über ein sogenanntes „Trackingsystem" und stellt die Perspektive korrekt ein, so dass der Betrachter die Größenverhältnisse so wahr-nimmt wie sie in der Realität sind. Das funktioniert streng genommen nur für einen Betrachter zur Zeit, da die Szene in diesem Fall aber sehr weiträumig ist, können mehrere Betrachter nebeneinander sitzen.

des Windparks ausgerichtet wird. Die aktuelle 3D Visualisierung wird hierbei in einem 3D Fenster und auf dem Display angezeigt. Auf diese Weise können die Benutzer den Windpark unter ästhetischen Gesichts-punkten von verschiedenen Geländepunkten aus beurteilen, Sichtachsen, zum Beispiel entlang von Wegen im Wald, überprüfen, oder testen, ob die WEA auch hinter einer Erhebung noch sichtbar sind. Gleichzeitig bekommen sie angezeigt, in welcher Entfernung von einem ausgewählten Punkt des Windparks sie sich befinden.

Auf der Basis dieser Vorarbeiten wurde ein digitales Landschaftsmodell erstellt, das sich über eine Fläche von ca. 4 x 4 km erstreckt. Es zeigt ein kleines Gebiet bei Großbardau in der Planungsregion Westsachsen, welches als VE-Gebiet für Windenergienutzung ausgewiesen ist. Da es in dieser Studie eher darum ging, konzeptionell zu zeigen, wie das Visualisierungszentrum genutzt werden könnte, wurde auf eine Geländeaufnahme verzichtet und die Landschaft rein mit Hilfe von GIS-Daten generiert. In den Siedlungsbereichen wurden anhand von Luftaufnahmen die Grundrisse digitalisiert und dann entsprechend die Häuser als einfache Quader eingefügt. Eine weit genauere Darstellung der Landschaft in konkreten Studien zu einem Windpark wäre mit dem präsentierten Softwarekonzept sicher möglich, würde aber zusätzliche Modellierarbeit erfordern, beispielsweise von den Gebäuden innerhalb der Siedlungen. Das Digitale Landschaftsmodell wurde zusammen mit der implementierten Software für Präsentationen eingesetzt, um die Möglichkeiten solcher Systeme aufzuzeigen, um ihre Verwendung zum Beispiel mit Experten aus der Planungspraxis zu diskutieren, und um zu testen, inwieweit die Verwendung eines solchen interaktiven Systems für die Diskussionen verschiedener Szenarien mit potenziellen Betroffenen möglich ist.

Um die Benutzbarkeit der vorgestellten Software-Hardware Kombination zu testen, wurde diese für Präsentationen auf der „Langen Nacht der Wissenschaft" und während des damit verbundenen Wissenschaftssommers in Leipzig verwendet. Die Idee war, jeweils Gruppen von 4-5 Personen die Aufgabe zu stellen, gemeinsam auf dem Gelände einen Windpark mit vorgegebener Leistung zu planen und diese jeweils danach zu befragen, wie sie mit dem System zurechtgekommen sind, und ob es ihnen bei der Diskussion und der Lösung der Aufgabe geholfen hat. Die hierfür erforderliche Gruppendiskussion kam jedoch nicht zu Stande, da die Besucher zum allergrößten Teil aus der Stadt Leipzig kamen, nicht persönlich betroffen waren, und sich daher mehr für die Visualisierungstechnik als für die inhaltlichen Fragestellung interessierten. Daher wurden nur die wenigen Personen befragt, die wirklich interaktiv die Benutzerschnittstelle genutzt hatten, um verschiedene Windparkszenarien durchzuspielen. Diese gaben fast alle an, dass sie mit dem System gut zurechtgekommen sind, und dass es sehr hilfreich dabei war, die Aufgabenstellung zu bearbeiten, auch wenn die Zufriedenheit mit dem Detail der

Landschaftsdarstellung etwas niedriger war. Alle gaben an, dass sie die stereoskopische Darstellung wichtig fanden, auch wenn sich mehr als die Hälfte der Befragten durch die damit verbundenen Spezialbrillen zumindest teilweise gestört fühlten.

Das Visualisierungszentrum des UFZ hat die relativ seltene Eigenschaft, dass man zwei verschiedene Techniken für die stereoskopische Darstellung zur Verfügung hat, welche jeweils ihre Vor- und Nachteile haben (Infitec- und Shuttertechnologie). Während des Mid-term-Workshops des *FlächEn*-Projekts wurde das System externen Teilnehmern vorgestellt, die zum großen Teil aus der Planungspraxis kommen. Hierbei wurde ihnen die gleiche Szene mit unterschiedlichen Methoden zur stereoskopischen Darstellung und in Mono gezeigt und die Frage gestellt, welche der Methoden sie vorziehen würden. Auch hier wurde die stereoskopische Darstellung vorgezogen, auch wenn die Ergebnisse nicht so eindeutig waren wie auf der „Langen Nacht der Wissenschaften". Ein Grund für die Entscheidung für die Mono-Darstellung war, dass sich dann ein entsprechendes System sehr viel kostengünstiger realisieren ließe. Das Design des Systems und die hier vorgestellten Versuche sind in Zehner (2010) veröffentlicht worden.

Insgesamt belegen die Erfahrungen mit dem System, dass es durchaus möglich und auch sinnvoll, aber eben auch sehr aufwendig ist, die Methode der Virtuellen Realität in Befragungen einzusetzen. Der Schwerpunkt sollte hier ganz klar auf kleinräumigen Fragestellungen liegen, beispielsweise wie ein Windpark gestaltet werden sollte, wenn sein Ort bereits feststeht (z.B. Berücksichtigung von Sichtachsen von Wegen im benachbarten Wald etc). Sehr wichtig wäre auch der Einsatz eines mobilen Visualisierungssystems, da die stationären Visualisierungsanlagen in Deutschland sich in der Regel an Universitäten und an Fraunhofer-Instituten in den Großstädten, und somit weit ab von den Windeignungsgebieten und von den Betroffenen befinden. Die eingesetzten Softwarewerkzeuge haben sich für die Aufgabe unter den gegebenen Rahmenbedingungen – Darstellung einer Landschaft mit einer Fläche von 4 x 4 km^2 – bewährt. Eine genauere Modellierung des Geländes anhand einer Geländeaufnahme ließe sich vornehmen, würde aber wahrscheinlich mehrere Personenmonate in Anspruch nehmen und könnte daher am besten als Abschlussarbeit von Studierenden vorgenommen werden.

Literatur

Barrios, L., Rodriguez, A. (2007): Spatiotemporal patterns of bird mortality at two wind farms of Southern Spain, in: de Lucas, M., Janss, G.F.E, Ferrer, M. (Hrsg.): Birds and Wind Farms, Quercus, Madrid, S. 229.239.

Bateman, I.J., Carson, R.T., Day, B., Hanemann, W.M., Hanley, N., Hett, T., Jones-Lee, M., Loomes, G., Mourato, S., Özdemiroglu, E., Pearce, D., Sugden, R., Swanson, J. (2002): Economic Valuation With Stated Preference Techniques. A Manual, Edward Elgar, Cheltenham.

Battis, U., Krautzberger, M., Löhr, R.-P. (2007): BauGB-Kommentar, C.H. Beck, München.

BfN Bundsamt für Naturschutz (Auftraggeber) (2007): Naturschutzrelevanz raumbedeutsamer Auswirkungen der Energiewende. 1. unveröffentlichter Zwischenbericht, Stand: 20.02.2007.

Birol, E., Koundouri, P. (2008): Choice Experiments Informing Environmental Policy, Edward Elgar, Cheltenham.

BMU (2006): Themenpapier Windenergie. Bundesministerium für Umwelt, Naturschutz und Reaktorsicherheit (BMU), Berlin. Ref. Bürgerservice, Art.-Nr. 2123, Redaktion KI III 3.

BMU (2007a): Klimaagenda 2020: Der Umbau der Industriegesellschaft, Bundesministerium für Umwelt, Naturschutz und Reaktorsicherheit (BMU), Berlin. http://www.bmu.de/files/pdfs/allgemein/application/pdf/hinter grund_klimaagenda.pdf (letzter Zugriff am 23.02.2010).

BMU (2007b): Das Integrierte Energie- und Klimaprogramm der Bundesregierung, Bundesministerium für Umwelt, Naturschutz und Reaktorsicherheit (BMU), Berlin. http://www.erneuerbare-energien.de/files/pdfs/allgemein/application/pdf/hintergrund_meseberg.pdf (letzter Zugriff am 23.02.2010).

DENA (2005): Energiewirtschaftliche Planung für die Netzintegration von Windenergie in Deutschland an Land und Offshore bis zum Jahr 2020, Studie im Auftrag der Deutschen Energie-Agentur GmbH (DENA), Berlin, durchgeführt vom Konsortium DEWI / E.ON Netz / EWI / RWE Transportnetz Strom / VE Transmission. http://www.dena.de/fileadmin/user_upload/Download/Dokumente/Projekte/kraftwerke_netze/netz studie1/dena-netzstudie_1_haupttext. pdf (letzter Zugriff am 26.05.2010).

DEWI (1999): Studie zur aktuellen Kostensituation der Windenergienutzung in Deutschland, Deutsches Windenergie-Institut GmbH (DEWI), Wilhelmshaven, im Auftrag des Bundesverbands WindEnergie e.v. (BWE), bearbeitet von B. Schwenk und K. Rehfeldt. http://www.dewi.de/dewi/fileadmin/pdf/publications/Studies/Cost-Study/bwe-kostenstudie1999.pdf (letzter Zugriff am 23.02.2010).

DEWI (2001): Weiterer Ausbau der Windenergienutzung im Hinblick auf den Klimaschutz – Teil 1, Studie des Deutschen Windenergie-Instituts GmbH (DEWI) Wilhelmshaven im Auftrag des Bundesministeriums für Umwelt, Naturschutz und Reaktorsicherheit (BMU). http://www.erneuerbare-energien.de/files/pdfs/allgemein/ application/pdf/offshore02.pdf (letzter Zugriff am 23.02.2010).

DEWI (2002): Weiterer Ausbau der Windenergienutzung im Hinblick auf den Klimaschutz – Teil 2, Studie des Deutschen Windenergie-Instituts GmbH (DEWI) Wilhelmshaven im Auftrag des Bundesministeriums für Umwelt, Naturschutz und Reaktorsicherheit (BMU). http://www.erneuerbare-energien.de/files/pdfs/allgemein/ application/pdf/windenergie_studie02.pdf (letzter Zugriff am 26.05.2010).

DLR/IFEU/WI (2004): Ökologisch optimierter Ausbau der Nutzung erneuerbarer Energien in Deutschland, Forschungsvorhaben im Auftrag des Bundesministeriums für Umwelt, Naturschutz und Reaktorsicherheit (BMU), durchgeführt von der Arbeitsgemeinschaft DLR-Institut für Technische Thermodynamik Stuttgart / ifeu Heidelberg / WI Wuppertal. http://www.dlr.de/tt/ Portaldata/41/Resources/dokumente/institut/system/publications/Oekologisch_optimierter_Ausbau_Langfassung.pdf (letzter Zugriff am 23.02.2010).

DLR/ZSW/WI/WZNRW (2005): Ausbau Erneuerbarer Energien im Stromsektor bis zum Jahr 2020. Vergütungszahlungen und Differenzkosten durch das Erneuerbare-Energien-Gesetz, Untersuchung im Auftrag des Bundesministeriums für Umwelt, Naturschutz und Reaktorsicherheit (BMU), durchgeführt von der Arbeitsgemeinschaft DLR-Institut für Technische Thermodynamik Stuttgart / ZSW Stuttgart / WZ NRW Institut für Arbeit und Technik / WI Wuppertal. http://www.dlr.de/tt/Portaldata/41/Resources/dokumente/institut/system/publications/Nitsch_Ausbau_EE_bis_2020.pdf (letzter Zugriff am 26.05.2010).

Drewitt, A., Langston, R.H.W. (2006): Assessing the impacts of wind farms on birds, Ibis 148, S. 29-42.

DStGB Deutscher Städte- und Gemeindebund (2009): Repowering von Windenergieanlagen – Kommunale Handlungsmöglichkeiten, DStGB Dokumentation Nr. 94, Berlin.

Dürr, T. (2009): Zur Gefährdung des Rotmilans Milvus milvus durch Wind-energieanlagen in Deutschland, in: Krüger, T., Wübbenhorst, J. (Hrsg.): Ökologie, Gefährdung und Schutz des Rotmilans Milvus milvus in Europa – Internationales Artenschutzsymposium Rotmilan, Informationsdienst Naturschutz Niedersachsachsen Nr. 29(3), S. 185-191.

Dürr, T. (2010): Vogelverluste an Windenergieanlagen in Deutschland. Daten aus der zentralen Fundkartei der Staatlichen Vogelschutzwarte im Landesumweltamt Brandenburg. http://www.mugv.brandenburg.de/cms/media.php/lbm1.a.2334.de/wka_vogel.xls. (letzter Zugriff am 22.07.2010)

DWIA Danish Wind Industry Association (2009): Beschreibung des Windes: Die Weibull-Verteilung. http://guidedtour.windpower.org/de/tour/wres/weibull.htm (letzter Zugriff am 23.02.2010).

DWD Deutscher Wetterdienst (2007): Winddaten für Deutschland Bezugszeitraum 1981-2000 (mittlere jährliche Windgeschwindigkeit und Weibull-Parameter 80m über Grund), Abteilung Klima und Umweltberatung, Zentrales Gutachterbüro, Offenbach.

EEG (2009): Erneuerbare-Energie-Gesetz vom 25. Oktober 2008 (BGBl. I S. 2074), das zuletzt durch Artikel 12 des Gesetzes von 22. Dezember 2009 (BGBl. I S. 3950) geändert worden ist.

Eichhorn M., Drechsler, M. (2010): Spatial trade-offs between wind power production and bird collision avoidance in agricultural landscapes, in: Ecology and Society, im Erscheinen.

EuroWind (2008/2010): Flächendeckende Windpotentialanalyse für Westsachsen und Nordhessen, Fachgutachten im Auftrag des UFZ Leipzig, Euro-Wind GmbH, Köln.

FGE/FGH/ISET (2007): Bewertung der Optimierungspotenziale zur Integration der Stromerzeugung aus Windenergie in das Übertragungsnetz, Institut für elektrische Anlagen und Energiewirtschaft Forschungsgesellschaft Energie (FGE) e.V., Aachen, Forschungsgemeinschaft für elektrische Anlagen und Stromwirtschaft (FGH) e.V., Mannheim und Institut für solare Energieversorgungstechnik e.V. (ISET), Kassel, Studie im Auftrag des Bundesministeriums für Umwelt, Naturschutz und Reaktorsicherheit (BMU).

Gasch, R., Twele, J. (Hrsg.) (2010): Windkraftanlagen. Grundlagen, Entwurf, Planung und Betrieb, 6. durchgesehene und korrigierte Auflage, Vieweg+Teubner, Wiesbaden.

Greene, W.H. (2007): NLOGIT Version 4.0. Reference Guide, Econometric Software, Inc., New York.

Hanley, N., Barbier, E.B. (2009): Pricing Nature: Cost-Benefit Analysis and Environmental Policy, Edward Elgar, Cheltenham.

Hau, E. (2008): Windkraftanlagen. Grundlagen, Technik, Einsatz, Wirtschaftlichkeit, 4., vollständig neu bearbeitete Auflage, Springer, Berlin/ Heidelberg.

Hinsch, A. (2008): Schallimmissionsschutz bei der Zulassung von Windenergieanlagen, in: Zeitschrift für Umweltrecht (ZUR), Nr. 12, S. 567-575.

Holmes, T.P., Adamowicz, W.L. (2003): Attribute-Based Methods, in: Champ, P.A.; Boyle, K.J., Brown, T.C. (Hrsg): A Primer on Nonmarket Valuation. The Economics of Non-Market Goods and Resources, Kluwer, Amsterdam, S. 171-220.

Hötker, H., Thomsen, K.-M., Jeromin, H. (2004): Auswirkungen regenerativer Energiegewinnung auf die biologische Vielfalt am Beispiel der Vögel und der Fledermäuse – Fakten, Wissenslücken, Anforderungen an die Forschung, ornithologische Kriterien zum Ausbau von regenerativen Energiegewinnungsformen, Michael-Otto-Institut im NABU Forschungs- und Bildungszentrum für Feuchtgebiete und Vogelschutz, Bergenhusen.

Hötker, H. (2006): Auswirkungen des Repowering von Windkraftanlagen auf Vögel und Fledermäuse, Michael-Otto-Institut im NABU – Forschungs- und Bildungszentrum für Feuchtgebiete und Vogelschutz, Bergenhusen.

IER (2004): Wissenschaftliche Begleitung des Energieprogramm Sachsen, Gutachten des Instituts für Energiewirtschaft und Rationelle Energieanwendung (IER) der Universität Stuttgart, im Auftrag des SMWA, Dresden. http://www.ier.uni-stuttgart.de/forschung/projektwebsites/ep_sachsen/ Schlussbericht%2021Feb05.pdf (letzter Zugriff am 26.05.2010).

Johnson, F.R., Kanninen, B., Bingham, M., Özdemir, S. (2007): Experimental Design for Stated Choice, in: Kanninen, B. (Hrsg.): Valuing Environmental Amenities Using Stated Choice Studies, Springer, Dordrecht, S. 159-202.

Klinski, S. (2005): Überblick über die Zulassung von Anlagen zur Nutzung erneuerbarer Energien. Der rechtliche Anforderungsrahmen für die Nutzung der verschiedenen Arten von erneuerbaren Energien zu Zwecken der Strom-, Wärme- und Gasversorgung, Bericht im Auftrag des Bundesministeriums für Umwelt, Naturschutz und Reaktorsicherheit, Berlin. http://erneuerbare-energien.de/files/erneuerbare_energien/downloads/ application/pdf/uberblick_recht_ee.pdf (letzter Zugriff am 23.02.2010).

Köck, W., Bovet, J. (2009): Windenergieanlagen und Freiraumschutz, in: Siedentop, S., Egermann, M. (Hrsg.): Freiraumschutz und Freiraumentwicklung durch Raumordnungsplanung, Akademie für Raumforschung und Landesplanung Hannover, Arbeitsmaterial der ARL 349, S. 172-190. Gekürzte Version in Natur und Recht 2008, Nr. 8, S. 529-534.

Köck, W. (2009): Europarechtlicher Artenschutz in der Bauleitplanung, in: Spannowsky, W. Hofmeister, A. (Hrsg.): Umweltrechtliche Einflüsse in der städtebaulichen Planung, Lexxion, Berlin, S. 35-59.

Krinsky, I., Robb., A.L. (1986): On Approximating the Statistical Properties of Elasticities, in: The Review of Economics and Statistics 68(4), S. 715-719.

Kuhfeld, W.F. (2005): Marketing Research Methods in SAS. Experimental Design, Choice, Conjoint, and Graphical Techniques, SAS-Institute TS-722, Cary, NC.

Lekuona, J.M., Ursua, S. (2007): Avian mortality in wind power plants of Navarra (Northern Spain), in: de Lucas, M., Janss, G.F.E., Ferrer, M. (Hrsg.): Birds and Wind Farms, Quercus, Madrid, S. 177-192.

Liebe, U., Meyerhoff, J. (2010): Test-retest reliability of Choice Experiments in Environmental Valuation, Beitrag präsentiert auf dem Fourth World Congress of Environmental and Resource Economics, Montreal, Canada.

Mammen, U., Dürr T. (2006): Rotmilane und Windkraftanlagen – Konflikt oder Übertreibung?, in: APUS 13, Nr. 1, S. 73-74.

Meyer, C. (2009): Raumordnungs- und bauleitplanungsrechtliche Probleme des Repowerings – Teil 1, in: Zeitschrift für Europäisches Umwelt- und Planungsrecht Nr. 05/2009, S. 236-241.

Meyerhoff, J., Liebe, U. (2009): Discontinuous preferences in choice experiments: Evidence at the choice task level, Papier vorgestellt auf der 17th Annual Conference of the European Association of Environmental and Resource Economists (EAERE), Amsterdam.

Meyerhoff, J., Ohl, C., Hartje, V. (2008): Präferenzen für die Gestaltung der Windkraft in der Landschaft – Ergebnisse einer Online-Befragung in Deutschland, Working Paper on Management in Environmental Planning 24, Technische Universität Berlin, Fachgebiet Landschaftsökonomie, Berlin.

Meyerhoff, J., Ohl, C., Hartje, V. (2010): Landscape externalities from onshore wind power, in: Energy Policy, Nr. 38(1), S. 82-92.

Molly, Jens P. (2009): Status der Windenergienutzung in Deutschland, Stand 31.12.2008. http://www.wind-energie.de/fileadmin/dokumente/ statistiken/WE%20Deutschland/DEWI-Statistik_gesamt_2008.pdf (letzter Zugriff 23.02.2010).

Monsees, J. (2009): Review von Zielmarken, Szenarien und Prognosen der Entwicklung der Windenergienutzung – aufbereitet für Westsachsen und Nordhessen, UFZ-Diskussionspapier 1/2009, Leipzig. http:// www.ufz. de/data/1-2009_Monsees_Review9950.pdf (letzter Zugriff 23.02.2010).

Monsees, J., Eichhorn, M., Ohl, C. (2010): Securing energy supply at the regional level – the case of wind farming in Germany, in: Barbir, F., Ulgiati, S. (Hrsg.): Energy Options Impact on Regional Security, Springer, Dordrecht, im Erscheinen.

Nachtigall, W. (2008): Der Rotmilan (Milvus milvus, L. 1758) in Sachsen und Südbrandenburg – Untersuchungen zu Verbreitung und Ökologie, Dissertation, Martin-Luther-Universität Halle-Wittenberg.

Neddermann, B. (2009): Status der Windenergienutzung in Deutschland, Stand 31.12.2009. http://www.wind-energie.de/fileadmin/ dokumente/ statistiken/WE%20Deutschland/100127_PM_Dateien/DEWI_Statistik_2 009.pdf (letzter Zugriff am 26.05.2010)

Nitsch, J. (2007): Leitstudie 2007. Ausbaustrategie Erneuerbare Energien. Aktualisierung und Neubewertung bis zu den Jahren 2020 und 2030 mit Ausblick bis 2050, Untersuchung im Auftrag des Bundesministeriums für Umwelt, Naturschutz und Reaktorsicherheit (BMU), in Zusammenarbeit mit der Abteilung „Systemanalyse und Technikbewertung" des DLR-Instituts für Technische Thermodynamik. http://www.bmu.de/files/ pdfs/ allgemein/application/pdf/leitstudie2007.pdf (letzter Zugriff 23.02.2010).

Nitsch, J. (2008): Leitstudie 2008. Weiterentwicklung der „Ausbaustrategie Erneuerbare Energien" vor dem Hintergrund der aktuellen Klimaschutzziele Deutschlands und Europas, Untersuchung im Auftrag des Bundesministeriums für Umwelt, Naturschutz und Reaktorsicherheit (BMU), in Zusammenarbeit mit der Abteilung „Systemanalyse und Technikbewertung" des DLR-Instituts für Technische Thermodynamik. http://www.bmu.de/ files/pdfs/allgemein/application/pdf/leitstudie2008.pdf (letzter Zugriff 23.02.2010).

Ohl, C., Monsees, J. (2008): Sustainable Land Use against the Background of a Growing Wind Power Industry, UFZ-Diskussionspapier 16/2008. Leipzig. http://www.ufz.de/data/16_2008_Ohl_Monsees_gesamt_internet 9746.pdf (letzter Zugriff 07.05.2010).

Ohl, C., Eichhorn, M. (2008): Nachhaltige Landnutzung im Kontext der Windenergie – Rationierung von Flächen als Antwort auf die energiepolitischen Ziele der Klimapolitik, in: Zeitschrift für Umweltpolitik und Umweltrecht Nr. 4, S. 517-540.

Ohl, C.; M. Eichhorn (2010): The mismatch between regional spatial planning for wind power development in Germany and national eligibility criteria for feed-in tariffs – a case study in West Saxony, in: Land Use Policy, Nr. 27, S. 243-254.

Ohms, M. J. (2003): Immissionsschutz bei Windkraftanlagen, Deutsches Verwaltungsblatt (DVBl.), S. 958-966.

Ostkamp, C. (2006): Planerische Steuerung von Windenergieanlagen. Zugleich ein Beitrag zu Inhalt und Folgen des bauplanungsrechtlichen Darstellungsprivilegs, Kovač, Hamburg.

Ragwitz, M.; M. Klobasa (2005): Gutachten zur CO_2-Minderung im Stromsektor durch den Einsatz erneuerbarer Energien, Fraunhofer Institut für System- und Innovationsforschung Karlsruhe.

Percival, S. M. (2000): Birds and wind turbines in Britain, in: British Wildlife, No. 12, S. 8-15.

Reichenbach, M., Handke, K., Sinning, F. (2004): Der Stand des Wissens zur Empfindlichkeit von Vogelarten gegenüber Störungswirkungen von Windenergieanlagen, in: Bremer Beiträge für Naturkunde und Naturschutz Nr. 7, S. 229-243.

Reichenbach, M., Steinborn, H. (2008): Windkraft, Vögel, Lebensräume – Ergebnisse einer fünfjährigen BACI-Studie zum Einfluss von Windkraftanlagen und Habitatparametern auf Wiesenvögel, Osnabrücker Naturwissenschaftlichen Mitteilungen als Bestandteil des Tagungsbandes „Ökologie und Schutz von Wiesenvögeln in Mitteleuropa".

Rommel, K. Meyerhoff, J. (2009): Empirische Analyse des Wechselverhaltens von Stromkunden. Was hält Stromkunden davon ab, zu Ökostromanbietern zu wechseln?, in: Zeitschrift für Energiewirtschaft, Nr. 01/2009, S. 74-82.

RPN (2009): Regionalplan Nordhessen 2009, Regierungspräsidium Kassel, Geschäftsstelle der Regionalversammlung Nordhessen.

RPW (2008): Regionalplan Westsachsen 2008, Regionaler Planungsverband Westsachsen, Leipzig.

Rytina, W. (o.J.): Wirtschaftsfaktor Ökostrom, ENERCON Austria GesmbH. http://wko.at/wknoe/ic/EVN/Enercon_GmbHDiFriedrich   Herzog.pdf (letzter Zugriff am 26.05.2010).

Saltelli, A, Chan, K, Scott, E.M. (2000) (Hrsg.): Sensitivity Analysis, John Wiley & Sons, Chichester, 1. Ausgabe.

Scarpa, R., Willis, K.G., Acutt, M. (2007): Valuing externalities from water supply: Status quo, choice complexity and individual random effects in panel kernel logit analysis of choice experiments, in: Journal of Environmental Planning and Management, No. 50(4), S. 449-466.

Smallwood, K.S., Thelander, C.G. (2008): Bird mortality in the Altamont Pass, in: Journal of Wildlife Management, No. 72, S. 215-223.

Staiß, J. (2007): Jahrbuch Erneuerbare Energien, Stiftung Energieforschung Baden-Württemberg (Hrsg.), Bieberstein, Radebeul.

Swait, J. D. (2007): Advanced Choice Models, in: Kanninen, B. (Hrsg.): Valuing Environmental Amenities Using Stated Choice Studies, Springer, Dordrecht, S. 229-293.

Temme, J. (2007): Discrete-Choice-Modelle, in: Albers, S. Klapper, D., Konradt U., Walter, A., Wolf, J. (Hrsg.): Methodik der empirischen Forschung, Deutscher Universitäts-Verlag, Wiesbaden, S. 327-342.

UBA Umweltbundesamt (Hrsg.) (2007): Ökonomische Bewertung von Umweltschäden. Methodenkonvention zur Schätzung externer Umweltkosten. Dessau.

WindGuard (2005): Potenzialanalyse „Repowering in Deutschland", Studie der Deutschen WindGuard GmbH Varel im Auftrag der WAB Windenergieagentur Bremerhaven/Bremen   e.V.   http://www.wind-energie.de/ fileadmin/dokumente/Themen_A-Z/Repowering/studie_repowering_ wab.pdf (letzter Zugriff am 23.02.2010).

WindGuard (2007): Kapitel 6 – Stromerzeugung aus Windenergie (§ 10 EEG) – des Forschungsberichts „Vorbereitung und Begleitung der Erstellung des Erfahrungsberichtes 2007 gemäß § 20 EEG" im Auftrag des Bundesministeriums für Umwelt, Naturschutz und Reaktorsicherheit (BMU). http://www.erneuerbare-energien.de/files/ pdfs/allgemein/application/pdf/ eeg_forschungsbericht5_7.pdf (letzter Zugriff am 26.05.2010).

Wizelius, T. (2007): Developing Wind Power Projects. Theory and Practice, Wearthscan, London/Sterling, VA.

Zehner, B. (2008): Landscape Visualization in High Resolution Stereoscopic Visualization Environments, in: Buhmann, E., Pietsch, M., Heins, M. (Hrsg.): Digital Design in Landscape Architecture 2008, Proceedings at Anhalt University of Applied Sciences, Wichmann, Heidelberg, S. 224-231.

Zehner, B. (2010): Interactive Windpark Planning in a Visualization Center – Giving Control to the User, in: Buhman, E., Pietsch, M., Kretzler, E. (Hrsg.): Digital Design in Landscape Architecture 2010, Wichmann Verlag, VDE Verlag, Berlin und Offenbach, S. 287-294.

Abkürzungen

a	Jahr
BfN	Bundesamt für Naturschutz
BMU	Bundesministerium für Umwelt, Naturschutz und Reaktorsicherheit
CE	Choice Experiment
CO_2	Kohlendioxid
ct/kWh	Cent pro Kilowattstunde
D	Mindestabstand von WEA zu Siedlungen
DENA	Deutsche Energie-Agentur GmbH
DEWI	Deutsches Windenergie-Institut GmbH
DWD	Deutscher Wetterdienst
E	Windenergieertrag
ECL	Error Component Logit
EE	erneuerbare Energien
EEG	Gesetz für den Vorrang erneuerbarer Energien
G	Gewinn
GIS	Geographisches Informationssystem
GWh	Gigawattstunden
ha	Hektar
K	volkswirtschaftliche Kosten
K_p	betriebswirtschaftliche Kosten
K_e	externe Kosten
km^2	Quadratkilometer
L	Verlust an Rotmilanen (loss)
LC	Latent Class
MNL	Multinominal Logit
MW	Megawatt
mZB	marginale Zahlungsbereitschaft
r	gesellschaftliche Diskontrate
RE	Referenzenergieertrag
t	Tonnen
TA	Technische Anleitung

VE-Gebiet	Vorrang- und Eignungsgebiet
WEA	Windenergieanlage(n)
ZB	Zahlungsbereitschaft
z	privatwirtschaftlicher Zinssatz

Danksagungen

Wir danken herzlich unserem Projekt-Mentor, Professor Wolfgang Buchholz (Beirat im Förderscherpunkt Wirtschaftswissenschaften für Nachhaltigkeit, WiN), dass er das *FlächEn*-Projekt durch die dreijährige Laufzeit begleitet und mit hilfreichen Ratschlägen zum Gelingen des Projekts beigetragen hat. Weiterer Dank gebührt den Praxis-Partnern des *FlächEn*-Projekts für ihre Unterstützung bei der Durchführung der Forschungsarbeiten: dem BWE – Bundesverband Windenergie e.V., dem BWE – Landesverband Hessen, der CMI – Carbon Management International, der MASLATON Rechtsanwaltsgesellschaft mbH, dem Michael-Otto-Institut im Naturschutzbund Deutschland (NABU), der MILAN – Mitteldeutsche Bürogemeinschaft für Landschaftsplanung, dem Regionalen Planungsverband Westsachsen (Regionale Planungsstelle) und dem Regierungspräsidium Kassel (Dezernat 21/1 Regionalplanung). Schließlich möchten wir Herrn Thomas Schulz vom Projektträger im DLR für seine Unterstützung und Beratung während der Projektlaufzeit herzlich danken. Das *FlächEn*-Projekt wurde gefördert durch das Bundesministerium für Bildung und Forschung im Rahmen seines Förderschwerpunkts Wirtschaftswissenschaften für Nachhaltigkeit (WiN), Förderkennzeichen 01UN0601A/B.

Die Autorinnen und Autoren

Jana Bovet, Dr. jur., geb. 1970. Studium an der Universität Konstanz. Referendariat in Leipzig. Anschließend Projektbearbeiterin und Promotion am Leibniz-Institut für ökologische Raumentwicklung, Dresden. Seit 2002 am Helmholtz-Zentrum für Umweltforschung – UFZ, Department Umwelt- und Planungsrecht mit den Forschungsschwerpunkten Raumordnungsrecht, Flächenhaushaltspolitik und rechtliche Fragen zur Anpassung an den Klimawandel.

Martin Drechsler, Dr. rer. nat., geb. 1966. Studium der Physik an den Universitäten Braunschweig und Göttingen. Anschließend Promotion am Helmholtz-Zentrum für Umweltforschung – UFZ und Forschungsaufenthalt an der University of Melbourne. Seit 1997 wissenschaftlicher Mitarbeiter am UFZ, Department Ökologische Systemanalyse. Arbeitsschwerpunkte: stochastische Modellierung, ökologische und ökonomische Modellierung, Ökologie und Ökonomie des Naturschutzes, Umweltökonomie, Entscheidungstheorie.

Marcus Eichhorn, Dipl. Geo., geb. 1978. Studium der Geografie an der Martin-Luther-Universität Halle-Wittenberg. Anschließende Tätigkeit bei OEKO-KART, einem Planungsbüro für Landschaftsplanung und Angewandte Ökosystemstudien in Halle (Saale). Seit 2007 Doktorand am Helmholtz-Zentrum für Umweltforschung-UFZ in Leipzig im Rahmen des Forschungsprojektes „FlächEn – Nachhaltige Landnutzung im Spannungsfeld umweltpolitisch konfligierender Zielsetzungen am Beispiel der Windenergiegewinnung". Arbeitsschwerpunkte: ökologische und GIS-basierte Modellierung, erneuerbare Energien, Raumplanung.

Karin Johst, Dr. rer. nat., geb. 1953. Studium der Physik an der Technischen Universität Dresden. Anschließend Forschungstätigkeit auf dem Gebiet der theoretischen chemischen Physik am Institut für Isotopen- und Strahlenforschung Leipzig. Seit 1992 wissenschaftliche Mitarbeiterin am Helmholtz-Zentrum für Umweltforschung – UFZ, Department Ökologische Systemanalyse. Arbeitsschwerpunkte: ökologische und ökologisch-ökonomische Modellierung, Arten und Artengemeinschaften in dynamischen Landschaften, Anpassungsstrategien an den Klimawandel unter Berücksichtigung ökologischer Dynamiken, Biodiversitätsschutz.

Jürgen Meyerhoff, Dr.-Ing, geb. 1965. Studium der Wirtschaftswissenschaften bzw. Volkswirtschaftslehre in Kassel und Berlin. Während und nach Abschluss des Studiums in Berlin tätig am Institut für Ökologische Wirtschaftsforschung Berlin. Seit 1997 als wissenschaftlicher Mitarbeiter an der TU Berlin im Fachgebiet Landschaftsökonomie (Professor Hartje). Bearbeitung verschiedener Projekte zur ökonomischen Bewertung von Veränderungen in Natur und Landschaft mit Hilfe der Kontingenten Bewertung oder Choice Experimenten (Schutz des Wattenmeeres von Klimafolgen, Erweiterung der Überflutungsauen in der Stromlandschaft Elbe, Erhöhung der biologischen Vielfalt in Wäldern).

Jan Monsees, Dr. Ing., geb. 1957. Studium der Volkswirtschaftslehre (Dipl.-Volksw.) an der Technischen Universität Berlin und des Wirtschaftsingenieurwesens (Dipl.-Wirtschaftsing.) an der Hochschule Bremerhaven. Vielfältige Tätigkeiten in Industrie, Consulting, Planung, universitärer Lehre und Forschung, zuletzt wissenschaftlicher Mitarbeiter im Department Ökonomie am Helmholtz-Zentrum für Umweltforschung – UFZ.

Cornelia Ohl, Dr. rer. pol., leitete das *FlächEn*-Projekt während ihrer Tätigkeit am Helmholtz-Zentrum für Umweltforschung am Department Ökonomie. Sie ist heute beim Umweltbundesamt für die Deutsche Emissionshandelsstelle tätig. Bisherige Arbeitsschwerpunkte: Ökonomische Analyse und Weiterentwicklung von umweltpolitischen Instrumenten, Ökonomie des Klima- und Biodiversitätsschutzes, Homo Oeconomicus und alternative Menschenbilder, ökologisch-ökonomische Modellierung, raumbezogene integrative Umweltforschung, transnationales Risikomanagement, Implementation von Umweltpolitik, Politikberatung.

Björn Zehner, Dr. rer. nat., geb. 1969. Studium der Geologie an der Albert Ludwigs Universität Freiburg im Breisgau und Anfertigung der Promotion am Fraunhofer Institut für Medienkommunikation und an der Friedrich Wilhelms Universität Bonn. Anschließend Forschungstätigkeit bei Schlumberger Research in Cambridge, England. Seit 2005 wissenschaftlicher Mitarbeiter im Department Umweltinformatik am Helmholtz Zentrum für Umweltforschung in Leipzig. Arbeitsschwerpunkte: Verwendung von Methoden der Wissenschaftlichen Visualisierung und der Virtuellen Realität in den Geo- und Umweltwissenschaften.